Foirmlí agus Táblaí
faofa lena n-úsáid sna scrúduithe stáit

Formulae and Tables
approved for use in the state examinations

BAILE ÁTHA CLIATH
ARNA FHOILSIÚ AG OIFIG AN tSOLÁTHAIR
Le ceannach díreach ó
FOILSEACHÁIN RIALTAIS,
52 FAICHE STIABHNA, BAILE ÁTHA CLIATH 2
(Teil: 01 – 6476834 nó 1890 213434; Fax 01 – 6476843)
nó trí aon díoltóir leabhar

Praghas: €4

DUBLIN
PUBLISHED BY THE STATIONERY OFFICE
To be purchased from
GOVERNMENT PUBLICATIONS,
52 ST. STEPHEN'S GREEN, DUBLIN 2.
(Tel: 01 – 6476834 or 1890 213434; Fax: 01 – 6476843)
or through any bookseller.

Price: €4

Tabhair faoi deara nach gceadaítear do chóip féin den leabhrán seo a úsáid sna scrúduithe stáit.

Beidh cóipeanna ar fáil ón bhfeitheoir agus ba chóir iad a thabairt ar ais i ndeireadh an scrúdaithe.

Note that you cannot use your own copy of this booklet in the state examinations.

Copies will be available from the superintendent and should be returned at the end of the examination.

Clár   *Contents*

Fad agus achar	8	Length and area
Achar dromchla agus toirt	10	Surface area and volume
Meastacháin ar achar	12	Area approximations
Triantánacht	13	Trigonometry
Céimseata	17	Geometry
Céimseata chomhordanáideach	18	Co-ordinate geometry
Ailgéabar	20	Algebra
Séana agus logartaim	21	Indices and logarithms
Seichimh agus sraitheanna	22	Sequences and series
Tacair agus loighic	23	Sets and logic
Calcalas	25	Calculus
Eacnamaíocht	28	Economics
Matamaitic an airgeadais	30	Financial mathematics
Staitisticí agus dóchúlacht	33	Statistics and probability
Aonaid tomhais	44	Units of measurement

Tairisigh bhunúsacha fhisiceacha	46	Fundamental physical constants
Fisic cháithníní	48	Particle physics
Meicnic	50	Mechanics
Teas agus teocht	58	Heat and temperature
Solas agus fuaim	59	Light and sound
Optaic gheoiméadrach	60	Geometric optics
Leictreachas	61	Electricity
Radaighníomhaíocht	63	Radioactivity
Ceimic	64	Chemistry
Siombailí do chainníochtaí fisiceacha coitianta agus na haonaid ina dtomhaistear iad	65	Symbols and units of measurement of common physical quantities
Siombailí ciorcaid leictrigh	72	Electrical circuit symbols
Na dúile	79	The elements
Tábla na núiclídí	83	Table of nuclides
Dúile, sórtáilte de réir na siombailí	91	Elements, sorted by symbol

Seasann *A* iontu seo a leanas d'achar na fíorach atá i gceist.

In the following, *A* represents the area of the shape in question.

Comhthreomharán

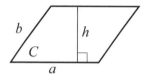

$$A = ah$$
$$= ab \sin C$$

Parallelogram

Traipéisiam

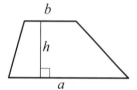

$$A = \left(\frac{a+b}{2}\right)h$$

Trapezium

Ciorcal / Diosca

fad *l*
(imlíne *l*)

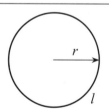

$$l = 2\pi r$$
$$A = \pi r^2$$

Circle / Disc

length *l*
(circumference *l*)

Stua / Teascóg

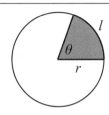

Arc / Sector

nuair is ina raidiain atá θ
$$l = r\theta \qquad A = \frac{1}{2}r^2\theta$$
when θ is in radians

nuair is ina chéimeanna atá θ
$$l = 2\pi r\left(\frac{\theta}{360°}\right) \qquad A = \pi r^2\left(\frac{\theta}{360°}\right)$$
when θ is in degrees

Triantán

áit a bhfuil $s = \dfrac{a+b+c}{2}$

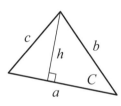

$$A = \frac{1}{2}ah$$
$$= \frac{1}{2}ab\sin C$$
$$= \sqrt{s(s-a)(s-b)(s-c)}$$

Triangle

taking $s = \dfrac{a+b+c}{2}$

Seasann A iontu seo d'achar **cuar** an dromchla agus seasann V do thoirt an tsolaid atá i gceist.

In the following, A represents the **curved** surface area and V represents the volume of the solid in question.

Sorcóir	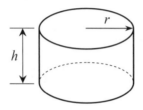 $A = 2\pi rh$ $V = \pi r^2 h$	**Cylinder**
Cón	 $A = \pi rl$ $V = \frac{1}{3}\pi r^2 h$	**Cone**
Sféar	 $A = 4\pi r^2$ $V = \frac{4}{3}\pi r^3$	**Sphere**

Frustam cóin

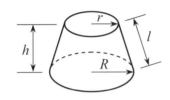

$$A = \pi(r + R)l$$

$$V = \frac{1}{3}\pi h\left(R^2 + Rr + r^2\right)$$

Frustum of cone

Solad de thrasghearradh aonfhoirmeach (priosma)

áit arb é *B* achar an bhoinn

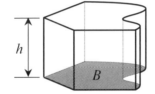

$$V = Bh$$

Solid of uniform cross-section (prism)

taking *B* as the area of the base

Pirimid ar bhonn ar bith

áit arb é *B* achar an bhoinn

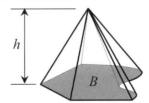

$$V = \frac{1}{3}Bh$$

Pyramid on any base

taking *B* as the area of the base

Seasann A d'achar na fíorach.

A represents the area of the shape.

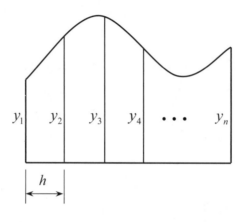

Riail thraipéasóideach

$$A \approx \frac{h}{2}\left[y_1 + y_n + 2\left(y_2 + y_3 + y_4 + \cdots + y_{n-1}\right)\right]$$

Trapezoidal rule

Riail Simpson áit ar corruimhir n

$$A \approx \frac{h}{3}\left[y_1 + y_n + 2\left(y_3 + y_5 + \cdots + y_{n-2}\right) + 4\left(y_2 + y_4 + \cdots + y_{n-1}\right)\right]$$

Simpson's rule for odd n

$$\tan A = \frac{\sin A}{\cos A} \qquad \cot A = \frac{\cos A}{\sin A}$$

$$\sec A = \frac{1}{\cos A} \qquad \operatorname{cosec} A = \frac{1}{\sin A}$$

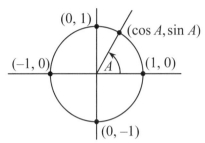

$$\cos^2 A + \sin^2 A = 1$$
$$\sec^2 A = 1 + \tan^2 A$$

$$\cos(-A) = \cos A$$
$$\sin(-A) = -\sin A$$
$$\tan(-A) = -\tan A$$

Nóta: Bíonn $\tan A$ agus $\sec A$ gan sainiú nuair $\cos A = 0$.
Bíonn $\cot A$ agus $\operatorname{cosec} A$ gan sainiú nuair $\sin A = 0$.

Note: $\tan A$ and $\sec A$ are not defined when $\cos A = 0$.
$\cot A$ and $\operatorname{cosec} A$ are not defined when $\sin A = 0$.

A (céimeanna)	$0°$	$90°$	$180°$	$270°$	$30°$	$45°$	$60°$	A (degrees)
A (raidiain)	0	$\dfrac{\pi}{2}$	π	$\dfrac{3\pi}{2}$	$\dfrac{\pi}{6}$	$\dfrac{\pi}{4}$	$\dfrac{\pi}{3}$	A (radians)
$\cos A$	1	0	-1	0	$\dfrac{\sqrt{3}}{2}$	$\dfrac{1}{\sqrt{2}}$	$\dfrac{1}{2}$	$\cos A$
$\sin A$	0	1	0	-1	$\dfrac{1}{2}$	$\dfrac{1}{\sqrt{2}}$	$\dfrac{\sqrt{3}}{2}$	$\sin A$
$\tan A$	0	-	0	-	$\dfrac{1}{\sqrt{3}}$	1	$\sqrt{3}$	$\tan A$

$$1 \text{ rad.} \approx 57.296° \qquad 1° \approx 0.01745 \text{ rad.}$$

Foirmlí uillinneacha comhshuite   Compound angle formulae

$$\cos(A+B) = \cos A \cos B - \sin A \sin B$$

$$\sin(A+B) = \sin A \cos B + \cos A \sin B$$

$$\tan(A+B) = \frac{\tan A + \tan B}{1 - \tan A \tan B}$$

$$\cos(A-B) = \cos A \cos B + \sin A \sin B$$

$$\sin(A-B) = \sin A \cos B - \cos A \sin B$$

$$\tan(A-B) = \frac{\tan A - \tan B}{1 + \tan A \tan B}$$

Foirmlí uillinneacha dúbailte   Double angle formulae

$$\cos 2A = \cos^2 A - \sin^2 A$$

$$\sin 2A = 2 \sin A \cos A$$

$$\cos^2 A = \tfrac{1}{2}\left(1 + \cos 2A\right)$$

$$\sin^2 A = \tfrac{1}{2}\left(1 - \cos 2A\right)$$

$$\tan 2A = \frac{2 \tan A}{1 - \tan^2 A}$$

$$\cos 2A = \frac{1 - \tan^2 A}{1 + \tan^2 A}$$

$$\sin 2A = \frac{2 \tan A}{1 + \tan^2 A}$$

Iolraigh a thiontú ina suimeanna agus ina ndifríochtaí   Products to sums and differences

$$2\cos A\cos B = \cos(A+B) + \cos(A-B)$$

$$2\sin A\cos B = \sin(A+B) + \sin(A-B)$$

$$2\sin A\sin B = \cos(A-B) - \cos(A+B)$$

$$2\cos A\sin B = \sin(A+B) - \sin(A-B)$$

Suimeanna agus difríochtaí a thiontú ina n-iolraigh   Sums and differences to products

$$\cos A + \cos B = 2\cos\frac{A+B}{2}\cos\frac{A-B}{2}$$

$$\cos A - \cos B = -2\sin\frac{A+B}{2}\sin\frac{A-B}{2}$$

$$\sin A + \sin B = 2\sin\frac{A+B}{2}\cos\frac{A-B}{2}$$

$$\sin A - \sin B = 2\cos\frac{A+B}{2}\sin\frac{A-B}{2}$$

Triantánacht an triantáin

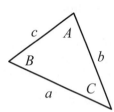

Trigonometry of the triangle

achar $\qquad\qquad \frac{1}{2}\,ab\sin C \qquad\qquad$ area

riail an tsínis $\qquad \dfrac{a}{\sin A} = \dfrac{b}{\sin B} = \dfrac{c}{\sin C} \qquad$ sine rule

riail an chomhshínis $\qquad a^2 = b^2 + c^2 - 2bc\cos A \qquad$ cosine rule

Triantán dronuilleach

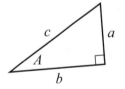

Right-angled triangle

$$\sin A = \frac{a}{c} \qquad \cos A = \frac{b}{c} \qquad \tan A = \frac{a}{b}$$

teoirim Phíotagaráis $\qquad c^2 = a^2 + b^2 \qquad$ Pythagoras' theorem

Nodaireacht		**Notation**
líne trí A agus B	AB	line through A and B
mírlíne ó A go B	$[AB]$	line segment from A to B
fad ó A go B	$|AB|$	distance from A to B
veicteoir ó A go B	$\overrightarrow{AB}$	vector from A to B
veicteoir ón mbunphointe O go A	$\overrightarrow{OA} = \vec{a}$	vector from origin O to A

Oibríochtaí le veicteoirí   **Vector operations**

nuair a thugtar na haonadveicteoirí ceartingearacha $\vec{i}$ agus $\vec{j}$ agus $\vec{v}_1 = x_1\vec{i} + y_1\vec{j}$ agus $\vec{v}_2 = x_2\vec{i} + y_2\vec{j}$

given perpendicular unit vectors $\vec{i}$ and $\vec{j}$ and $\vec{v}_1 = x_1\vec{i} + y_1\vec{j}$ and $\vec{v}_2 = x_2\vec{i} + y_2\vec{j}$

norm	$|\vec{v}_1| = \sqrt{x_1{}^2 + y_1{}^2}$	norm
iolrach scálach	$\begin{aligned}\vec{v}_1 \cdot \vec{v}_2 &= x_1 x_2 + y_1 y_2 \\ &= |\vec{v}_1||\vec{v}_2|\cos\theta\end{aligned}$	scalar product

Líne

Line

fána PQ	$m = \dfrac{y_2 - y_1}{x_2 - x_1}$	slope of PQ
fad $[PQ]$	$\|PQ\| = \sqrt{(x_2 - x_1)^2 + (y_2 - y_1)^2}$	length of $[PQ]$
lárphointe $[PQ]$	$\left(\dfrac{x_1 + x_2}{2}, \dfrac{y_1 + y_2}{2} \right)$	midpoint of $[PQ]$
cothromóid PQ	$\begin{aligned} y - y_1 &= m(x - x_1) \\ y &= mx + c \end{aligned}$	equation of PQ
achar an triantáin OPQ	$\tfrac{1}{2}\|x_1 y_2 - x_2 y_1\|$	area of triangle OPQ
pointe a roinneann $[PQ]$ sa chóimheas $a:b$	$\left(\dfrac{bx_1 + ax_2}{b+a}, \dfrac{by_1 + ay_2}{b+a} \right)$	point dividing $[PQ]$ in the ratio $a:b$

an fad ó (x_1, y_1) go dtí an líne $ax + by + c = 0$	$\dfrac{\lvert ax_1 + by_1 + c \rvert}{\sqrt{a^2 + b^2}}$	distance from (x_1, y_1) to the line $ax + by + c = 0$
uillinneacha idir dhá líne dar fánaí m_1 agus m_2	$\tan \theta = \pm \dfrac{m_1 - m_2}{1 + m_1 m_2}$	angles between two lines of slopes m_1 and m_2

Ciorcal / Circle

nuair a thugtar an lárphointe (h,k) agus an ga r		given centre (h,k) and radius r
cothromóid	$(x - h)^2 + (y - k)^2 = r^2$	equation
tadhlaí ag (x_1, y_1)	$(x - h)(x_1 - h) + (y - k)(y_1 - k) = r^2$	tangent at (x_1, y_1)
nuair a thugtar an chothromóid $x^2 + y^2 + 2gx + 2fy + c = 0$		given equation $x^2 + y^2 + 2gx + 2fy + c = 0$
lárphointe	$(-g, -f)$	centre
ga	$\sqrt{g^2 + f^2 - c}$	radius
tadhlaí ag (x_1, y_1)	$xx_1 + yy_1 + g(x + x_1) + f(y + y_1) + c = 0$	tangent at (x_1, y_1)

fréamhacha na cothromóide cearnaí $ax^2 + bx + c = 0$

$$x = \frac{-b \pm \sqrt{b^2 - 4ac}}{2a}$$

roots of the quadratic equation $ax^2 + bx + c = 0$

---

inbhéarta na maitríse $A = \begin{pmatrix} a & b \\ c & d \end{pmatrix}$ leis an

$$\frac{1}{\det(A)}\begin{pmatrix} d & -b \\ -c & a \end{pmatrix}$$

inverse of the matrix $A = \begin{pmatrix} a & b \\ c & d \end{pmatrix}$ with

deitéarmanant $\det(A) = ad - bc \neq 0$

determinant $\det(A) = ad - bc \neq 0$

Teoirim de Moivre   **De Moivre's theorem**

$$\left[r(\cos\theta + i\sin\theta)\right]^n = r^n(\cos n\theta + i\sin n\theta) = r^n e^{in\theta}$$

An Teoirim dhéthéarmach   **Binomial theorem**

$$(x + y)^n = \sum_{r=0}^{n}\binom{n}{r}x^{n-r}y^r = \binom{n}{0}x^n + \binom{n}{1}x^{n-1}y + \binom{n}{2}x^{n-2}y^2 + \cdots + \binom{n}{r}x^{n-r}y^r + \cdots + \binom{n}{n}y^n$$

comhéifeachtaí déthéarmacha

$$\binom{n}{r} = {}^nC_r = C(n,r) = \frac{n!}{r!(n-r)!}$$

binomial coefficients

$$a^p a^q = a^{p+q}$$

$$\frac{a^p}{a^q} = a^{p-q}$$

$$\left(a^p\right)^q = a^{pq}$$

$$a^0 = 1$$

$$a^{-p} = \frac{1}{a^p}$$

$$a^{\frac{1}{q}} = \sqrt[q]{a}$$

$$a^{\frac{p}{q}} = \sqrt[q]{a^p} = \left(\sqrt[q]{a}\right)^p$$

$$(ab)^p = a^p b^p$$

$$\left(\frac{a}{b}\right)^p = \frac{a^p}{b^p}$$

$$\log_a(xy) = \log_a x + \log_a y$$

$$\log_a\left(\frac{x}{y}\right) = \log_a x - \log_a y$$

$$\log_a\left(x^q\right) = q \log_a x$$

$$\log_a 1 = 0$$

$$\log_a\left(\frac{1}{x}\right) = -\log_a x$$

$$a^x = y \iff \log_a y = x$$

$$\log_a\left(a^x\right) = x$$

$$a^{\log_a x} = x$$

$$\log_b x = \frac{\log_a x}{\log_a b}$$

Is é T_n an nú téarma iontu seo, agus is é S_n suim na chéad n téarma.

In the following, T_n is the nth term, and S_n is the sum of the first n terms.

Seicheamh comhbhreise nó sraith chomhbhreise

Arithmetic sequence or series

nuair:
is é a an chéad téarma, agus
is é d an chomhbhreis

$$T_n = a + (n-1)d$$

$$S_n = \frac{n}{2}\left[2a + (n-1)d\right]$$

where:
a is the first term
d is the common difference

Seicheamh iolraíoch nó sraith iolraíoch

Geometric sequence or series

$$T_n = ar^{n-1}$$

nuair:
is é a an chéad téarma, agus
is é r an comhiolraitheoir

$$S_n = \frac{a(1-r^n)}{1-r}$$

where:
a is the first term
r is the common ratio

nuair a thugtar $|r| < 1$

$$S_\infty = \frac{a}{1-r}$$

given $|r| < 1$

Siombailí na dtacar		Set symbols
idirmhír	$\cap$	intersection
aontas	$\cup$	union
difríocht (lúide)	$\backslash$	difference (less)
difríocht shiméadrach	Δ	symmetric difference
fothacar de	$\subset$	is a subset of
ball de	$\in$	is an element of
tacar nialasach	$\varnothing$	null set

Tacair uimhreacha		Number sets
uimhreacha aiceanta	$\mathbb{N} = \{1, 2, 3, 4, 5, 6, \cdots\}$	natural numbers
slánuimhreacha	$\mathbb{Z} = \{\cdots -3, -2, -1, 0, 1, 2, 3, \cdots\}$	integers
uimhreacha cóimheasta	$\mathbb{Q} = \left\{ \dfrac{p}{q} \;\middle|\; p \in \mathbb{Z}, \quad q \in \mathbb{Z}, \quad q \neq 0 \right\}$	rational numbers
réaduimhreacha	$\mathbb{R}$	real numbers
uimhreacha coimpléascacha	$\mathbb{C} = \left\{ a + bi \;\middle|\; a \in \mathbb{R}, \quad b \in \mathbb{R}, \quad i^2 = -1 \right\}$	complex numbers

Siombailí loighce		Logic symbols
AND	$\wedge$	AND
OR	$\vee$	OR
NOT	$\neg$	NOT
NAND	$\uparrow$	NAND
NOR	$\downarrow$	NOR
tugann le fios	$\Rightarrow$	implies
coibhéiseach le	$\Leftrightarrow$	is equivalent to
do gach	$\forall$	for all
tá…ann	$\exists$	there exists
a thugann	$\vdash$	yields, (infer)
dá réir sin	$\therefore$	therefore

Dlíthe de Morgan

$$\neg(A \wedge B) \Leftrightarrow (\neg A) \vee (\neg B)$$
$$\neg(A \vee B) \Leftrightarrow (\neg A) \wedge (\neg B)$$

De Morgan's laws

Séanadh agus cainníochtóirí

$$\neg\big((\forall x)A(x)\big) \Leftrightarrow (\exists x)\big(\neg A(x)\big)$$
$$\neg\big((\exists x)A(x)\big) \Leftrightarrow (\forall x)\big(\neg A(x)\big)$$

Negation and quantifiers

Díorthaigh

Derivatives

$f(x)$	$f'(x)$
x^n	nx^{n-1}
$\ln x$	$\dfrac{1}{x}$
e^x	e^x
e^{ax}	ae^{ax}
a^x	$a^x \ln a$
$\cos x$	$-\sin x$
$\sin x$	$\cos x$
$\tan x$	$\sec^2 x$
$\cos^{-1}\dfrac{x}{a}$	$-\dfrac{1}{\sqrt{a^2 - x^2}}$
$\sin^{-1}\dfrac{x}{a}$	$\dfrac{1}{\sqrt{a^2 - x^2}}$
$\tan^{-1}\dfrac{x}{a}$	$\dfrac{a}{a^2 + x^2}$

Riail an toraidh

$$y = uv$$
$$\Rightarrow \quad \frac{dy}{dx} = u\frac{dv}{dx} + v\frac{du}{dx}$$

Product rule

Riail an lín

$$y = \frac{u}{v}$$
$$\Rightarrow \quad \frac{dy}{dx} = \frac{v\dfrac{du}{dx} - u\dfrac{dv}{dx}}{v^2}$$

Quotient rule

Cuingriail

$$f(x) = u(v(x))$$
$$\Rightarrow \quad f'(x) = \frac{du}{dv}\frac{dv}{dx}$$

Chain rule

Suimeálaithe

Tá tairisigh na suimeála fágtha ar lár.

Integrals

Constants of integration omitted.

$f(x)$	$\int f(x)dx$
$x^n \quad (n \neq -1)$	$\dfrac{x^{n+1}}{n+1}$
$\dfrac{1}{x}$	$\ln\lvert x \rvert$
e^x	e^x
e^{ax}	$\dfrac{1}{a}e^{ax}$
a^x	$\dfrac{a^x}{\ln a}$
$\cos x$	$\sin x$
$\sin x$	$-\cos x$
$\tan x$	$\ln\lvert \sec x \rvert$

$f(x)$	$\int f(x)dx$
$\cos^2 x$	$\frac{1}{2}\left[x + \frac{1}{2}\sin 2x\right]$
$\sin^2 x$	$\frac{1}{2}\left[x - \frac{1}{2}\sin 2x\right]$
$\dfrac{1}{\sqrt{a^2 - x^2}}$	$\sin^{-1}\dfrac{x}{a}$
$\dfrac{1}{x^2 + a^2}$	$\dfrac{1}{a}\tan^{-1}\dfrac{x}{a}$

$f(x)$	$\int f(x)dx$
$\dfrac{1}{x\sqrt{x^2 - a^2}}$	$\dfrac{1}{a}\sec^{-1}\dfrac{x}{a}$
$\dfrac{1}{\sqrt{x^2 + a^2}}$	$\ln\left\lvert\dfrac{x + \sqrt{x^2 + a^2}}{a}\right\rvert$
$\dfrac{1}{a^2 - x^2}$	$\dfrac{1}{2a}\ln\left\lvert\dfrac{a + x}{a - x}\right\rvert$
$\dfrac{1}{\sqrt{x^2 - a^2}}$	$\ln\left\lvert\dfrac{x + \sqrt{x^2 - a^2}}{a}\right\rvert$

Suimeáil na míreanna

$$\int u\,dv = uv - \int v\,du$$

Integration by parts

Atriall Newton-Raphson $\qquad\qquad x_{n+1} = x_n - \dfrac{f(x_n)}{f'(x_n)} \qquad\qquad$ **Newton-Raphson iteration**

Sraith Taylor agus *a* mar lárphointe $\qquad\qquad\qquad\qquad$ **Taylor series with centre *a***

$$f(a+x) = f(a) + f'(a)x + \frac{f''(a)}{2!}x^2 + \cdots + \frac{f^{(r)}(a)}{r!}x^r + \cdots$$

Sraith Maclaurin $\qquad\qquad\qquad\qquad\qquad\qquad\qquad\qquad$ **Maclaurin series**

$$f(x) = f(0) + f'(0)x + \frac{f''(0)}{2!}x^2 + \cdots + \frac{f^{(r)}(0)}{r!}x^r + \cdots$$

Toirt solaid imrothlaithe timpeall ar an *x*-ais $\qquad\qquad$ **Volume of solid of revolution about *x*-axis**

$$V = \int_{x=a}^{x=b} \pi\, y^2\, dx$$

Leaisteachas   Elasticity

Iontu seo a leanas,
P = praghas, Q = cainníocht, Y = ioncam,

tagraíonn foscript 1 agus 2 don am
roimh an athrú agus ina dhiaidh,

agus seasann A agus B do na hearraí A agus B.

In the following,
P = price, Q = quantity, Y = income,

subscripts 1 and 2 refer to
before and after change,

A and B refer to goods A and B.

praghasleaisteachas an éilimh	$\dfrac{\Delta Q}{\Delta P} \times \dfrac{P_1 + P_2}{Q_1 + Q_2}$	price elasticity of demand
ioncamleaisteachas an éilimh	$\dfrac{\Delta Q}{\Delta Y} \times \dfrac{Y_1 + Y_2}{Q_1 + Q_2}$	income elasticity of demand
trasleaisteachas an éilimh	$\dfrac{\Delta Q_A}{\Delta P_B} \times \dfrac{P_{1,B} + P_{2,B}}{Q_{1,A} + Q_{2,A}}$	cross price elasticity of demand
praghasleaisteachas an tsoláthair	$\dfrac{\Delta Q}{\Delta P} \times \dfrac{P_1 + P_2}{Q_1 + Q_2}$	price elasticity of supply

Cothromóid OTI

Y = olltáirgeacht intíre
C = caiteachas ar thomhaltas
I = caiteachas ar infheistíocht
G = ceannacháin rialtais
$(X - M)$ = glanluach easpórtálacha

$$Y = C + I + G + (X - M)$$

GDP equation

Y = gross domestic product
C = consumption expenditure
I = investment expenditure
G = government purchases
$(X - M)$ = net exports

Iolraitheoirí

Iontu seo a leanas,
MPC = claonadh imeallach chun tomhaltais
MPS = claonadh imeallach chun coigilte
MPM = claonadh imeallach chun iompórtála
MPT = claonadh imeallach chun cáin a íoc
Nóta: $MPS = 1 - MPC$

Multipliers

In the following,
MPC = marginal propensity to consume
MPS = marginal propensity to save
MPM = marginal propensity to import
MPT = marginal propensity to pay tax
Note: $MPS = 1 - MPC$

geilleagar iata gan earnáil rialtais

$$\frac{1}{MPS}$$

closed economy with no government sector

geilleagar oscailte gan earnáil rialtais

$$\frac{1}{MPS + MPM}$$

open economy with no government sector

geilleagar oscailte le hearnáil rialtais

$$\frac{1}{MPS + MPM + MPT}$$

open economy with government sector

Iontu seo a leanas, is é *t* an fad ama ina bhlianta agus is é *i* an ráta bliantúil úis, dímheasa nó fáis, agus é sloinnte mar dheachúil nó mar chodán (ionas go seasann *i* = 0.08 do ráta 8%, mar shampla)*.

In all of the following, *t* is the time in years and *i* is annual rate of interest, depreciation or growth, expressed as a decimal or fraction (so that, for example, *i* = 0.08 represents a rate of 8%)*.

Ús iolraithe
F = luach deiridh,   *P* = príomhshuim

$$F = P(1 + i)^t$$

Compound interest
F = final value,   *P* = principal

Luach láithreach
P = luach láithreach,   *F* = luach deiridh

$$P = \frac{F}{(1 + i)^t}$$

Present value
P = present value,   *F* = final value

Dímheas
– modh an chomhardaithe laghdaithigh
F = luach déanach,   *P* = luach tosaigh

$$F = P(1 - i)^t$$

Depreciation
– reducing balance method
F = later value,   *P* = initial value

Dímheas
– an modh dronlíneach
A = méid an dímheasa bhliantúil
P = luach tosaigh,   *S* = dramhluach
t = saolré eacnamaíoch fhónta

$$A = \frac{P - S}{t}$$

Depreciation
– straight line method
A = annual depreciation amount
P = initial value,   *S* = scrap value
t = useful economic life

---

*Bíonn feidhm ag na foirmlí sin freisin nuair a bhítear ag athiolrú i gceann eatraimh chothroma seachas blianta. Sa chás sin, déantar *t* a thomhas sa tréimhse chuí ama, agus is é *i* an ráta don tréimhse.

*The formulae also apply when compounding at equal intervals other than years. In such cases, *t* is measured in the relevant periods of time, and *i* is the period rate.

Amúchadh – morgáistí agus iasachtaí
(aisíocaíochtaí cothroma i gceann eatraimh chothroma)
A = méid na haisíocaíochta bliantúla
P = príomhshuim

Amortisation – mortgages and loans
(equal repayments at equal intervals)

A = annual repayment amount
P = principal

$$A = P\,\frac{i(1+i)^t}{(1+i)^t - 1}$$

Ráta céatadánach bliantúil (RCB) – foirmle reachtúil

Is ionann an RCB agus luach i (agus é sloinnte ina chéatadán) nuair is ionann suim luachanna reatha na n-airleacan uile agus suim luachanna reatha na n-aisíocaíochtaí uile. Is é sin, luach i áit a bhfuil:

Annual percentage rate (APR) – statutory formula

The APR is the value of i (expressed as a percentage) for which the sum of the present values of all advances is equal to the sum of the present values of all repayments. That is, the value of i for which:

$$\sum_{k=1}^{N} \frac{A_k}{(1+i)^{T_k}} = \sum_{j=1}^{n} \frac{R_j}{(1+i)^{t_j}}$$

nuair:
is é N líon na n-airleacan
is é n líon na n-aisíocaíochtaí
is é A_k méid an airleacain k
is é R_j méid na haisíocaíochta j
is é T_k an fad ama ina bhlianta go dtí airleacan k
is é t_j an fad ama ina bhlianta go dtí aisíocaíocht j

where:
N is the number of advances
n is the number of repayments
A_k is the amount of advance k
R_j is the amount of repayment j
T_k is the time in years to advance k
t_j is the time in years to repayment j

Tréimhse eile iolraithe a thiontú ina ráta bliantúil	Converting to annual rate from other compounding period

$$i = \left(1 + \frac{r}{m}\right)^m - 1$$

nuair	where
is é i an ráta bliantúil iarbhír (mar dheachúil)	i is the actual annual rate (as a decimal)
is é r an ráta bliantúil ainmniúil (mar dheachúil)	r is the nominal annual rate (as a decimal)
is é m líon na dtréimhsí athiolraithe in aon bhliain amháin	m is the number of compounding periods in one year

Athiolrú leanúnach	Continuous compounding

$$F = Pe^{rt}$$
$$i = e^r - 1$$
$$r = \log_e(1 + i)$$

nuair	where
is é F an luach deiridh	F is the final value
is é P an phríomhshuim	P is the principal
is é r an ráta bliantúil ainmniúil	r is the nominal annual rate
is é i an ráta bliantúil iarbhír	i is the actual annual rate

An Meán — Mean

ó liosta de n uimhir
$$\mu = \frac{\Sigma x}{n}$$
from list of n numbers

ó thábla minicíochta
$$\mu = \frac{\Sigma fx}{\Sigma f}$$
from frequency table

An Diall caighdeánach — Standard deviation

ó liosta de n uimhir
$$\sigma = \sqrt{\frac{\Sigma(x-\mu)^2}{n}}$$
from list of n numbers

ó thábla minicíochta
$$\sigma = \sqrt{\frac{\Sigma f(x-\mu)^2}{\Sigma f}}$$
from frequency table

Dáiltí dóchúlachta — Probability distributions

an dáileadh déthéarmach
$$P(X=r) = \binom{n}{r} p^r q^{n-r}$$
$$r = 0 \ldots n$$
binomial distribution

an meán
$$\mu = np$$
mean

an diall caighdeánach
$$\sigma = \sqrt{npq}$$
standard deviation

dáileadh Poisson	$P(X = r) = e^{-\lambda} \dfrac{\lambda^r}{r!}$ $r = 0, 1, 2, \ldots$	Poisson distribution
an meán an diall caighdeánach	$\mu = \lambda$ $\sigma = \sqrt{\lambda}$	mean standard deviation

an dáileadh normalach (dáileadh Gauss)	$f(X) = \dfrac{1}{\sigma\sqrt{2\pi}} e^{-\frac{(X-\mu)^2}{2\sigma^2}}$	normal (Gaussian) distribution
an dáileadh normalach caighdeánach	$f(Z) = \dfrac{1}{\sqrt{2\pi}} e^{-\frac{1}{2}Z^2}$	standard normal distribution
foirmle an chaighdeánaithe	$z = \dfrac{x - \mu}{\sigma}$	standardising formula

Sampláil   **Sampling**

meastachán ar dhiall caighdeánach an daonra ó sampla	$s = \sqrt{\dfrac{\Sigma(x - \bar{x})^2}{n-1}}$	estimate of population standard deviation from sample
earráid chaighdeánach an mheáin	$\sigma_{\bar{X}} = \dfrac{\sigma}{\sqrt{n}}$	standard error of the mean
earráid chaighdeánach na comhréire	$\sigma_{\hat{P}} = \sqrt{\dfrac{p(1-p)}{n}}$	standard error of the proportion

Tástáil hipitéisí		Hypothesis testing
z-thástáil aon sampla	$$z = \frac{\bar{x} - \mu}{\left(\dfrac{\sigma}{\sqrt{n}}\right)}$$	one-sample z-test
t-thástáil aon sampla	$$t = \frac{\bar{x} - \mu}{\left(\dfrac{s}{\sqrt{n}}\right)} \; ; \quad \nu = n - 1$$	one-sample t-test
z-thástáil dhá shampla	$$z = \frac{\bar{x}_1 - \bar{x}_2}{\sqrt{\dfrac{\sigma_1^{\,2}}{n_1} + \dfrac{\sigma_2^{\,2}}{n_2}}}$$	two-sample z-test
t-thástáil dhá shampla (comhthiomsaithe)	$$t = \frac{\bar{x}_1 - \bar{x}_2}{s\sqrt{\dfrac{1}{n_1} + \dfrac{1}{n_2}}} \; ; \quad s^2 = \frac{(n_1 - 1)s_1^{\,2} + (n_2 - 1)s_2^{\,2}}{n_1 + n_2 - 2} \; ; \quad \nu = n_1 + n_2 - 2$$	two-sample t-test (pooled)
tástáil χ^2 ar fheabhas na hoiriúnachta k catagóir, m paraiméadar mheasta	$$\chi^2 = \sum_{i=1}^{k} \frac{(o_i - e_i)^2}{e_i} \; ; \quad \nu = k - 1 - m$$	χ^2 goodness-of-fit test k categories, m estimated parameters
suntasacht chomhéifeacht an chomhchoibhnis (Pearson)	$$t = \frac{r\sqrt{n - 2}}{\sqrt{1 - r^2}} \; ; \quad \nu = n - 2$$	significance of correlation coefficient (Pearson)

Dóchúlachtaí don dáileadh normalach caighdeánach

Probabilities for the standard normal distribution

I gcás z a thugtar, faightear ón tábla

$$P(Z \le z) = \frac{1}{\sqrt{2\pi}} \int_{-\infty}^{z} e^{-\frac{1}{2}t^2} dt$$

For a given z, the table gives

$$P(Z \le z) = \frac{1}{\sqrt{2\pi}} \int_{-\infty}^{z} e^{-\frac{1}{2}t^2} dt$$

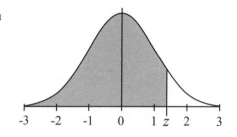

z	0.00	0.01	0.02	0.03	0.04	0.05	0.06	0.07	0.08	0.09
0.0	0.5000	.5040	.5080	.5120	.5160	.5199	.5239	.5279	.5319	.5359
0.1	0.5398	.5438	.5478	.5517	.5557	.5596	.5636	.5675	.5714	.5753
0.2	0.5793	.5832	.5871	.5910	.5948	.5987	.6026	.6064	.6103	.6141
0.3	0.6179	.6217	.6255	.6293	.6331	.6368	.6406	.6443	.6480	.6517
0.4	0.6554	.6591	.6628	.6664	.6700	.6736	.6772	.6808	.6844	.6879
0.5	0.6915	.6950	.6985	.7019	.7054	.7088	.7123	.7157	.7190	.7224
0.6	0.7257	.7291	.7324	.7357	.7389	.7422	.7454	.7486	.7517	.7549
0.7	0.7580	.7611	.7642	.7673	.7704	.7734	.7764	.7794	.7823	.7852
0.8	0.7881	.7910	.7939	.7967	.7995	.8023	.8051	.8078	.8106	.8133
0.9	0.8159	.8186	.8212	.8238	.8264	.8289	.8315	.8340	.8365	.8389
1.0	0.8413	.8438	.8461	.8485	.8508	.8531	.8554	.8577	.8599	.8621

z	0.00	0.01	0.02	0.03	0.04	0.05	0.06	0.07	0.08	0.09
1.1	0.8643	.8665	.8686	.8708	.8729	.8749	.8770	.8790	.8810	.8830
1.2	0.8849	.8869	.8888	.8907	.8925	.8944	.8962	.8980	.8997	.9015
1.3	0.9032	.9049	.9066	.9082	.9099	.9115	.9131	.9147	.9162	.9177
1.4	0.9192	.9207	.9222	.9236	.9251	.9265	.9279	.9292	.9306	.9319
1.5	0.9332	.9345	.9357	.9370	.9382	.9394	.9406	.9418	.9429	.9441
1.6	0.9452	.9463	.9474	.9484	.9495	.9505	.9515	.9525	.9535	.9545
1.7	0.9554	.9564	.9573	.9582	.9591	.9599	.9608	.9616	.9625	.9633
1.8	0.9641	.9649	.9656	.9664	.9671	.9678	.9686	.9693	.9699	.9706
1.9	0.9713	.9719	.9726	.9732	.9738	.9744	.9750	.9756	.9761	.9767
2.0	0.9772	.9778	.9783	.9788	.9793	.9798	.9803	.9808	.9812	.9817
2.1	0.9821	.9826	.9830	.9834	.9838	.9842	.9846	.9850	.9854	.9857
2.2	0.9861	.9864	.9868	.9871	.9875	.9878	.9881	.9884	.9887	.9890
2.3	0.9893	.9896	.9898	.9901	.9904	.9906	.9909	.9911	.9913	.9916
2.4	0.9918	.9920	.9922	.9925	.9927	.9929	.9931	.9932	.9934	.9936
2.5	0.9938	.9940	.9941	.9943	.9945	.9946	.9948	.9949	.9951	.9952
2.6	0.9953	.9955	.9956	.9957	.9959	.9960	.9961	.9962	.9963	.9964
2.7	0.9965	.9966	.9967	.9968	.9969	.9970	.9971	.9972	.9973	.9974
2.8	0.9974	.9975	.9976	.9977	.9977	.9978	.9979	.9979	.9980	.9981
2.9	0.9981	.9982	.9982	.9983	.9984	.9984	.9985	.9985	.9986	.9986
3.0	0.9987	.9987	.9987	.9988	.9988	.9989	.9989	.9989	.9990	.9990

Dáileadh chí-chearnaithe

luachanna criticiúla tástála aonfhoircní

Nuair a thugtar A, faightear ón tábla an luach ar k mar a bhfuil $P(X > k) = A$, áit a leanann X dáileadh chí-chearnaithe a bhfuil v céim saoirse aige.

Chi-squared distribution

one-tailed critical values

Given A, the table gives the value of k for which $P(X > k) = A$, where X follows a chi-squared distribution with v degrees of freedom.

v \ A	0.995	0.99	0.975	0.95	0.05	0.025	0.01	0.005
1	0.0000	0.0002	0.0010	0.0039	3.8415	5.0239	6.6349	7.8794
2	0.0100	0.0201	0.0506	0.1026	5.9915	7.3778	9.2103	10.597
3	0.0717	0.1148	0.2158	0.3518	7.8147	9.3484	11.345	12.838
4	0.2070	0.2971	0.4844	0.7107	9.4877	11.143	13.277	14.860
5	0.4117	0.5543	0.8312	1.1455	11.070	12.833	15.086	16.750
6	0.6757	0.8721	1.2373	1.6354	12.592	14.449	16.812	18.548
7	0.9893	1.2390	1.6899	2.1673	14.067	16.013	18.475	20.278
8	1.3444	1.6465	2.1797	2.7326	15.507	17.535	20.090	21.955
9	1.7349	2.0879	2.7004	3.3251	16.919	19.023	21.666	23.589
10	2.1559	2.5582	3.2470	3.9403	18.307	20.483	23.209	25.188
11	2.6032	3.0535	3.8157	4.5748	19.675	21.920	24.725	26.757
12	3.0738	3.5706	4.4038	5.2260	21.026	23.337	26.217	28.300
13	3.5650	4.1069	5.0088	5.8919	22.362	24.736	27.688	29.819
14	4.0747	4.6604	5.6287	6.5706	23.685	26.119	29.141	31.319

v \ A	0.995	0.99	0.975	0.95	0.05	0.025	0.01	0.005
15	4.6009	5.2293	6.2621	7.2609	24.996	27.488	30.578	32.801
16	5.1422	5.8122	6.9077	7.9616	26.296	28.845	32.000	34.267
17	5.6972	6.4078	7.5642	8.6718	27.587	30.191	33.409	35.718
18	6.2648	7.0149	8.2307	9.3905	28.869	31.526	34.805	37.156
19	6.8440	7.6327	8.9065	10.117	30.144	32.852	36.191	38.582
20	7.4338	8.2604	9.5908	10.851	31.410	34.170	37.566	39.997
21	8.0337	8.8972	10.283	11.591	32.671	35.479	38.932	41.401
22	8.6427	9.5425	10.982	12.338	33.924	36.781	40.289	42.796
23	9.2604	10.196	11.689	13.091	35.172	38.076	41.638	44.181
24	9.8862	10.856	12.401	13.848	36.415	39.364	42.980	45.559
25	10.520	11.524	13.120	14.611	37.652	40.646	44.314	46.928
26	11.160	12.198	13.844	15.379	38.885	41.923	45.642	48.290
27	11.808	12.879	14.573	16.151	40.113	43.195	46.963	49.645
28	12.461	13.565	15.308	16.928	41.337	44.461	48.278	50.993
29	13.121	14.256	16.047	17.708	42.557	45.722	49.588	52.336
30	13.787	14.953	16.791	18.493	43.773	46.979	50.892	53.672
40	20.707	22.164	24.433	26.509	55.758	59.342	63.691	66.766
50	27.991	29.707	32.357	34.764	67.505	71.420	76.154	79.490
60	35.534	37.485	40.482	43.188	79.082	83.298	88.379	91.952
70	43.275	45.442	48.758	51.739	90.531	95.023	100.43	104.21
80	51.172	53.540	57.153	60.391	101.88	106.63	112.33	116.32
90	59.196	61.754	65.647	69.126	113.15	118.14	124.12	128.30
100	67.328	70.065	74.222	77.929	124.34	129.56	135.81	140.17

t-dháileadh Student

luachanna criticiúla tástála aonfhoircní

Nuair a thugtar *A*, faightear ón tábla an luach ar *k* mar a bhfuil $P(T > k) = A$,

áit a leanann *T*, *t*-dháileadh a bhfuil *v* céim saoirse aige.

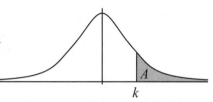

k

Student's t-distribution

one-tailed critical values

Given *A*, the table gives the value of *k* for which $P(T > k) = A$,

where *T* follows a *t*-distribution with *v* degrees of freedom.

v \ *A*	0.1	0.05	0.025	0.01	0.005	0.001	0.0005	0.0001	0.00005
1	3.078	6.314	12.71	31.82	63.66	318.3	636.6	3183	6366
2	1.886	2.920	4.303	6.965	9.925	22.33	31.60	70.70	99.99
3	1.638	2.353	3.182	4.541	5.841	10.21	12.92	22.20	28.00
4	1.533	2.132	2.776	3.747	4.604	7.173	8.610	13.03	15.54
5	1.476	2.015	2.571	3.365	4.032	5.893	6.869	9.678	11.18
6	1.440	1.943	2.447	3.143	3.707	5.208	5.959	8.025	9.082
7	1.415	1.895	2.365	2.998	3.499	4.785	5.408	7.063	7.885
8	1.397	1.860	2.306	2.896	3.355	4.501	5.041	6.442	7.120
9	1.383	1.833	2.262	2.821	3.250	4.297	4.781	6.010	6.594
10	1.372	1.812	2.228	2.764	3.169	4.144	4.587	5.694	6.211
11	1.363	1.796	2.201	2.718	3.106	4.025	4.437	5.453	5.921
12	1.356	1.782	2.179	2.681	3.055	3.930	4.318	5.263	5.694
13	1.350	1.771	2.160	2.650	3.012	3.852	4.221	5.111	5.513
14	1.345	1.761	2.145	2.624	2.977	3.787	4.140	4.985	5.363

A \\ v	0.1	0.05	0.025	0.01	0.005	0.001	0.0005	0.0001	0.00005
15	1.341	1.753	2.131	2.602	2.947	3.733	4.073	4.880	5.239
16	1.337	1.746	2.120	2.583	2.921	3.686	4.015	4.790	5.134
17	1.333	1.740	2.110	2.567	2.898	3.646	3.965	4.715	5.043
18	1.330	1.734	2.101	2.552	2.878	3.610	3.922	4.648	4.966
19	1.328	1.729	2.093	2.539	2.861	3.579	3.883	4.590	4.899
20	1.325	1.725	2.086	2.528	2.845	3.552	3.850	4.539	4.838
21	1.323	1.721	2.080	2.518	2.831	3.527	3.819	4.492	4.785
22	1.321	1.717	2.074	2.508	2.819	3.505	3.792	4.452	4.736
23	1.319	1.714	2.069	2.500	2.807	3.485	3.768	4.416	4.694
24	1.318	1.711	2.064	2.492	2.797	3.467	3.745	4.382	4.654
25	1.316	1.708	2.060	2.485	2.787	3.450	3.725	4.352	4.619
26	1.315	1.706	2.056	2.479	2.779	3.435	3.707	4.324	4.587
27	1.314	1.703	2.052	2.473	2.771	3.421	3.689	4.299	4.556
28	1.313	1.701	2.048	2.467	2.763	3.408	3.674	4.276	4.531
29	1.311	1.699	2.045	2.462	2.756	3.396	3.660	4.254	4.505
30	1.310	1.697	2.042	2.457	2.750	3.385	3.646	4.234	4.482
40	1.303	1.684	2.021	2.423	2.704	3.307	3.551	4.094	4.321
50	1.299	1.676	2.009	2.403	2.678	3.261	3.496	4.014	4.228
60	1.296	1.671	2.000	2.390	2.660	3.232	3.460	3.962	4.169
80	1.292	1.664	1.990	2.374	2.639	3.195	3.416	3.899	4.095
100	1.290	1.660	1.984	2.364	2.626	3.174	3.390	3.861	4.054
∞	1.282	1.645	1.960	2.326	2.576	3.090	3.290	3.719	3.891

Mearthástáil Tukey (foirm achomair)   Tukey quick test (compact form)

Leibhéal suntasachta	5%	1%	0.1%	Significance level
Luach criticiúil áireamh na bhfoirceann	7	10	13	Critical value of tail-count

**Comhéifeacht Spearman
do chomhchoibhneas na rang-ord**
luachanna criticiúla tástála aonfhoircní

**Spearman's rank-order
correlation coefficient**
one-tailed critical values

n	5%	2.5%
5	0.900	1.000
6	0.829	0.886
7	0.714	0.786
8	0.643	0.738
9	0.600	0.700
10	0.564	0.648
11	0.536	0.618
12	0.503	0.587
13	0.484	0.560
14	0.464	0.538
15	0.446	0.521
16	0.429	0.503

n	5%	2.5%
17	0.414	0.488
18	0.401	0.472
19	0.391	0.460
20	0.380	0.447
21	0.370	0.436
22	0.361	0.425
23	0.353	0.416
24	0.344	0.407
25	0.337	0.398
26	0.331	0.390
27	0.324	0.383
28	0.318	0.375

n	5%	2.5%
29	0.312	0.368
30	0.306	0.362
31	0.301	0.356
32	0.296	0.350
33	0.291	0.345
34	0.287	0.340
35	0.283	0.335
36	0.279	0.330
37	0.275	0.325
38	0.271	0.321
39	0.267	0.317
40	0.264	0.313

U-thástáil Mann-Whitney
luachanna criticiúla tástála défhoircní ar 5%
Má fhaightear luach ar *U* atá níos lú ná an luach sa tábla nó cothrom leis, tá difríocht shuntasach i gceist.

Mann-Whitney U-test
two-tailed 5% critical values
A value of *U* less than or equal to the value in the table indicates a significant difference.

| | | | | | | | n_1 | | | | | | | | | | | | |
2	3	4	5	6	7	8	9	10	11	12	13	14	15	16	17	18	19	20	n_2
-	-	-	-	-	-	0	0	0	0	1	1	1	1	1	2	2	2	2	**2**
	-	-	0	1	1	2	2	3	3	4	4	5	5	6	6	7	7	8	**3**
		0	1	2	3	4	4	5	6	7	8	9	10	11	11	12	13	14	**4**
			2	3	5	6	7	8	9	11	12	13	14	15	17	18	19	20	**5**
				5	6	8	10	11	13	14	16	17	19	21	22	24	25	27	**6**
					8	10	12	14	16	18	20	22	24	26	28	30	32	34	**7**
						13	15	17	19	22	24	26	29	31	34	36	38	41	**8**
							17	20	23	26	28	31	34	37	39	42	45	48	**9**
								23	26	29	33	36	39	42	45	48	52	55	**10**
									30	33	37	40	44	47	51	55	58	62	**11**
										37	41	45	49	53	57	61	65	69	**12**
											45	50	54	59	63	67	72	76	**13**
												55	59	64	67	74	78	83	**14**
													64	70	75	80	85	90	**15**
														75	81	86	92	98	**16**
															87	93	99	105	**17**
																99	106	112	**18**
																	113	119	**19**
																		127	**20**

$$U = \min\{U_1, U_2\}$$ *áit a bhfuil* where

$$U_1 = R_1 - \frac{n_1(n_1+1)}{2}, \qquad U_2 = R_2 - \frac{n_2(n_2+1)}{2}$$

Na bunaonaid

Base units

Tá Córas Idirnáisiúnta na nAonad (*Système International d'Unités*) bunaithe ar sheacht mbunchainníocht a nglactar leis iad a bheith neamhspleách ar a chéile.
Is iad seo a leanas na bunaonaid:

The International System of Units (*Système International d'Unités*) is founded on seven base quantities, which are assumed to be mutually independent. These base units are:

Bunchainníocht	Bunaonad SI	*Siombail an aonaid* Symbol for unit	SI base unit	Base quantity
fad (*l*)	méadar	m	metre	length (*l*)
mais (*m*)	cileagram	kg	kilogram	mass (*m*)
am (*t*)	soicind	s	second	time (*t*)
sruth leictreach (*I*)	aimpéar	A	ampere	electric current (*I*)
teocht (*T*)	ceilvin	K	kelvin	temperature (*T*)
méid substainte (*n*)	mól	mol	mole	amount of substance (*n*)
déine lonrachais (I_v)	caindéala	cd	candela	luminous intensity (I_v)

Aonaid dhíortha

Derived units

Is é is aonad díortha ann aonad is féidir a shloinneadh i dtéarmaí na mbunaonad agus a dtugtar ainm uathúil air, e.g. niútan (N) = kg m s^{-2}.

A derived unit is a unit which can be expressed in terms of base units and is given a unique name, e.g. newton (N) = kg m s^{-2}.

Réimíreanna

Baintear leas as réimíreanna chun iolraithe agus fo-iolraithe deachúlacha d'aonaid SI a dhéanamh. Is iad seo na réimíreanna coitianta:

Réimír	Fachtóir Factor	Siombail Symbol	Prefix
yota-, yotai-	10^{24}	Y	yotta
zeitea-, zeiti-	10^{21}	Z	zetta
eicsea-, eicsi-	10^{18}	E	exa
peitea-, peiti-	10^{15}	P	peta
teirea-, teiri-	10^{12}	T	tera
gigea-, gigi-	10^{9}	G	giga
meigea-, meigi-	10^{6}	M	mega
cilea-, cili-	10^{3}	k	kilo
heictea-, heicti-	10^{2}	h	hecto
deaca-, deacai-	10^{1}	da	deka

Cónasctar siombail réimíre le siombail bunaonaid chun siombail nua aonaid a dhéanamh,
e.g. ciliméadar (km), micreashoicind (μs).

Prefixes

Prefixes are used to form decimal multiples and submultiples of SI units. The common prefixes are:

Réimír	Fachtóir Factor	Siombail Symbol	Prefix
yochta-, yochtai-	10^{-24}	y	yocto
zeiptea-, zeipti-	10^{-21}	z	zepto
ata-, atai	10^{-18}	a	atto
feimtea-, feimti-	10^{-15}	f	femto
picea-, pici-	10^{-12}	p	pico
nana-, nanai-	10^{-9}	n	nano
micrea-, micri-	10^{-6}	μ	micro
millea-, milli-	10^{-3}	m	milli
ceintea-, ceinti-	10^{-2}	c	centi
deicea-, deici-	10^{-1}	d	deci

The symbol for a prefix is combined with the symbol for the base unit to form a new unit symbol,
e.g. kilometre (km), microsecond (μs).

Tairiseach	*Siombail* Symbol	*Luach* Value	Constant
mais alfa-cháithnín	m_α	$6.644\ 6565 \times 10^{-27}$ kg	alpha particle mass
tairiseach Avogadro	N_A	$6.022\ 1415 \times 10^{23}$ mol^{-1}	Avogadro constant
tairiseach Boltzmann	k	$1.380\ 6505 \times 10^{-23}$ J K^{-1}	Boltzmann constant
mais leictreoin	m_e	$9.109\ 3826 \times 10^{-31}$ kg	electron mass
leictreonvolta	eV	$1.602\ 176\ 53 \times 10^{-19}$ J	electron volt
lucht leictreonach	e	$1.602\ 176\ 53 \times 10^{-19}$ C	electronic charge
tairiseach Faraday	F	$96\ 485.3383$ C mol^{-1}	Faraday constant
tairiseach na himtharraingthe	G	6.6742×10^{-11} m^3 kg^{-1} s^{-2}	gravitational constant
mais neodróin	m_n	$1.674\ 927\ 28 \times 10^{-27}$ kg	neutron mass

Tairiseach	Siombail / Symbol	Luach / Value	Constant
tréscaoilteacht an tsaorspáis	μ_0	$4\pi \times 10^{-7}$ H m^{-1}	permeability of free space
ceadaíocht an tsaorspáis	ε_0	$8.854\,187\,817 \times 10^{-12}$ F m^{-1}	permittivity of free space
tairiseach Planck	h	$6.626\,0693 \times 10^{-34}$ J s	Planck constant
mais phrótóin	m_p	$1.672\,621\,71 \times 10^{-27}$ kg	proton mass
cóimheas maise prótóin is leictreoin	$\dfrac{m_p}{m_e}$	$1836.182\,672\,16$	proton-electron mass ratio
luas an tsolais *in vacuo*	c_0	$2.997\,924\,58 \times 10^{8}$ m s^{-1}	speed of light *in vacuo*
aonad maise adamhaí aontaithe	u	$1.660\,5402 \times 10^{-27}$ kg	unified atomic mass unit
tairiseach uilíoch gáis	R	$8.314\,472$ J K^{-1} mol^{-1}	universal gas constant

Aicme ainm	*Siombail* Symbol	*Mais* / Mass (*i gcoibhneas le mais leictreoin*) (relative to mass of electron)	*Leath-ré* Half-life	Class name
Leaptóin				**Leptons**
leictreon	e	1	*cobhsaí* / stable	electron
leictreon-neoidríonó	ν_e	$< 4 \times 10^{-6}$	*cobhsaí* / stable	electron neutrino
muón	μ	2.07×10^2	1.52×10^{-6} s	muon
muón-neoidríonó	ν_μ	$< 4 \times 10^{-6}$	*cobhsaí* / stable	muon neutrino
tó	τ	3.48×10^3	2.01×10^{-13} s	tau
tó-neoidríonó	ν_τ	$< 4 \times 10^{-6}$	*cobhsaí* / stable	tau neutrino
Méasóin				**Mesons**
pí-mhéasón	$\pi^+ \ \pi^-$	273	1.80×10^{-8} s	pi meson
	π^0	264	5.82×10^{-17} s	
K-mhéasón	$K^+ \ K^-$	966	8.58×10^{-9} s	K meson
	K^0	974	—	
Baróin				**Baryons**
prótón	p	1836	*cobhsaí* / stable	proton
neodrón	n	1839	6.14×10^2 s	neutron
lambda	Λ^0	2183	1.82×10^{-10} s	lambda
sigme	Σ^+	2328	5.56×10^{-11} s	sigma
	Σ^-	2343	1.02×10^{-10} s	
	Σ^0	2334	5.13×10^{-20} s	
xí	Ξ^-	2586	1.14×10^{-10} s	xi
	Ξ^0	2573	2.01×10^{-10} s	
óimige	Ω^-	3272	5.69×10^{-11} s	omega

cuarc	*siombail* symbol	*lucht* charge	quark
uaschuarc	u	$\dfrac{2}{3}$	up
íoschuarc	d	$-\dfrac{1}{3}$	down
briochtchuarc	c	$\dfrac{2}{3}$	charm
cuarc aduain	s	$-\dfrac{1}{3}$	strange
barrchuarc	t	$\dfrac{2}{3}$	top
bunchuarc	b	$-\dfrac{1}{3}$	bottom

Tugtar liosta aibítreach de na siombailí a úsáidtear sna foirmlí seo a leanas agus an bhrí atá leo sa comhthéacs cuí ar leathanach 65.

An alphabetical list of the symbols used in the following formulae and their meaning in the relevant context is given on page 65.

Meicnic		Mechanics
fórsa agus luasghéarú	$F = ma$	force and acceleration
Gluaisne líneach faoi luasghéarú tairiseach	$v = u + at$	**Linear motion with constant acceleration**
	$s = ut + \dfrac{1}{2}at^2$	
	$v^2 = u^2 + 2as$	
	$s = \left(\dfrac{u + v}{2}\right)t$	
Gluaisne choibhneasta		**Relative motion**
díláithriú coibhneasta	$\vec{s}_{BC} = \vec{s}_B - \vec{s}_C$	relative displacement
treoluas coibhneasta	$\vec{v}_{BC} = \vec{v}_B - \vec{v}_C$	relative velocity
luasghéarú coibhneasta	$\vec{a}_{BC} = \vec{a}_B - \vec{a}_C$	relative acceleration

Imbhuailtí		Collisions
móiminteam cáithnín	mv	momentum of a particle
dlí turgnamhach Newton	$v_1 - v_2 = -e(u_1 - u_2)$	Newton's experimental law
imchoimeád an mhóimintim	$m_1 u_1 + m_2 u_2 = m_1 v_1 + m_2 v_2$	conservation of momentum
ríog	$I = \int F \, dt = mv - mu$	impulse

Gluaisne i gciorcal		Motion in a circle
uillinn ina raidiain	$\theta = \dfrac{s}{r}$	angle in radians
treoluas uilleach	$\omega = \dfrac{\theta}{t}$	angular velocity
treoluas líneach agus uilleach	$v = r\omega$	linear and angular velocity
luasghéarú láraimsitheach	$a = r\omega^2 = \dfrac{v^2}{r}$	centripetal acceleration
fórsa láraimsitheach	$F = mr\omega^2 = \dfrac{mv^2}{r}$	centripetal force

Meáchanláir		**Centres of gravity**
leathsféar soladach, ga r, fad slí ó lárphointe an leathsféir go dtí an meáchanlár	$\dfrac{3}{8}r$	solid hemisphere, radius r distance from centre of hemisphere to centre of gravity
sliogán leathsféarach, ga r, fad slí ó lárphointe an leathsféir go dtí an meáchanlár	$\dfrac{1}{2}r$	hemispherical shell, radius r distance from centre of hemisphere to centre of gravity
dronchón ciorclach soladach, airde h fad slí ó bhonn an chóin go dtí an meáchanlár	$\dfrac{1}{4}h$	solid right circular cone, height h distance from base of cone to centre of gravity
lann thriantánach		triangular lamina
$\dfrac{1}{3}$ ón mbonn feadh na meánlíne	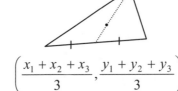	$\dfrac{1}{3}$ from base along median
foirm chomhordanáideach	$\left(\dfrac{x_1 + x_2 + x_3}{3}, \dfrac{y_1 + y_2 + y_3}{3}\right)$	co-ordinate form
stua, ga r, stua-uillinn 2θ fad slí ó lárphointe an chiorcail go dtí meáchanlár an stua	$\dfrac{r\sin\theta}{\theta}$	arc, radius r, arc-angle 2θ distance from centre of circle to centre of gravity of arc
teascóg diosca, ga r, stua-uillinn 2θ fad slí ó lárphointe an chiorcail go dtí meáchanlár na teascóige	$\dfrac{2r\sin\theta}{3\theta}$	sector of disc, radius r, arc-angle 2θ distance from centre of circle to centre of gravity of sector

Móimintí táimhe		**Moments of inertia**
slat aonfhoirmeach, fad $2l$ timpeall aise trí lárphointe ingearach leis an tslat	$\frac{1}{3}ml^2$	uniform rod, length $2l$ about axis through centre perpendicular to rod
timpeall aise ag foirceann amháin ingearach leis an tslat	$\frac{4}{3}ml^2$	about axis at one end perpendicular to rod
diosca aonfhoirmeach, ga r timpeall aise trí lárphointe ingearach leis an diosca	$\frac{1}{2}mr^2$	uniform disc, radius r about axis through centre perpendicular to disc
timpeall trastomhais	$\frac{1}{4}mr^2$	about diameter
fonsa aonfhoirmeach, ga r timpeall aise trí lárphointe ingearach leis an bhfoinse	mr^2	uniform hoop, radius r about axis through centre perpendicular to hoop
timpeall trastomhais	$\frac{1}{2}mr^2$	about diameter
sféar soladach aonfhoirmeach, ga r timpeall trastomhais	$\frac{2}{5}mr^2$	uniform solid sphere, radius r about diameter
teoirim na n-aiseanna comhthreomhara	$I_b = I_c + md^2$	parallel axis theorem
teoirim na n-aiseanna ingearacha	$I_z = I_x + I_y$	perpendicular axis theorem

Coirp rothlacha		Rotating bodies
móiminteam uilleach	$L = I\omega = rmv$	angular momentum
móimint fórsa	$M = Fd$	moment of a force
torc cúpla	$T = Fd$	torque of a couple
dara dlí Newton don rothlú	$T = \dfrac{dL}{dt}$	Newton's 2nd law for rotation
fuinneamh cinéiteach rothlach	$E = \frac{1}{2} I\omega^2$	rotational kinetic energy

Gluaisne armónach shimplí		Simple harmonic motion

$$a = -\omega^2 s$$

$$T = \frac{1}{f} = \frac{2\pi}{\omega}$$

$$s = A \sin(\omega t + \alpha)$$

$$v^2 = \omega^2 (A^2 - s^2)$$

luascadán simplí	$T = 2\pi\sqrt{\dfrac{l}{g}}$	simple pendulum
comhluascadán	$T = 2\pi\sqrt{\dfrac{I}{mgh}}$	compound pendulum

Fuinneamh agus obair   **Energy and work**

obair	$W = Fs = \int F\,ds$	work
cumhacht	$P = \dfrac{W}{t} = Fv$	power
céatadán éifeachtachta	$\dfrac{P_{\mathrm{o}} \times 100}{P_{\mathrm{i}}}$	percentage efficiency
fuinneamh poitéinsiúil (imtharraingthe)	$E_{\mathrm{p}} = mgh$	potential energy (gravitational)
fuinneamh cinéiteach	$E_{\mathrm{k}} = \frac{1}{2} mv^2$	kinetic energy
prionsabal imchoimeád an fhuinnimh (faoi fhórsaí meicniúla imchoimeádacha)	$\Delta E_{\mathrm{p}} + \Delta E_{\mathrm{k}} = 0$	principle of conservation of energy (under conservative mechanical forces)
coibhéis mhaise is fuinnimh	$E = mc^2$	mass-energy equivalence

Imtharraingt		Gravitation
dlí imtharraingthe Newton	$F = \dfrac{Gm_1 m_2}{d^2}$	Newton's law of gravitation
meáchan	$W = mg = V\rho g$	weight
luasghéarú de bharr na domhantarraingthe	$g = \dfrac{GM}{d^2}$	acceleration due to gravity
neart réimse imtharraingthe	$g = \dfrac{F}{m}$	gravitational field strength
peiriad satailíte	$T^2 = \dfrac{4\pi^2 R^3}{GM}$	period of a satellite

Fórsaí agus ábhair		Forces and materials
dlí Hooke	$F = -ks$	Hooke's law
strus	$\sigma = \dfrac{F}{A}$	stress
straidhn	$\varepsilon = \dfrac{\Delta l}{l}$	strain
modal Young	$E = \dfrac{\sigma}{\varepsilon}$	Young's modulus
dlús	$\rho = \dfrac{m}{V}$	density
comhéifeacht na frithchuimilte	$\mu = \dfrac{F}{R}$	coefficient of friction
brú	$p = \dfrac{F}{A}$	pressure
brú i leacht	$p = \rho g h$	pressure in a fluid
sá ar dhromchla plánach tumtha	$T = A p_c$	thrust on an immersed plane surface
dlí Boyle	$p \propto \dfrac{1}{V}$	Boyle's law

teocht Celsius	$\theta/°C = T/K - 273.15$	Celsius temperature
an fuinneamh a theastaíonn chun teocht a athrú	$\Delta E = mc\Delta\theta \qquad \Delta E = C\Delta\theta$	energy needed to change temperature
an fuinneamh a theastaíonn chun staid a athrú	$\Delta E = ml \qquad \Delta E = L$	energy needed to change state
seoltacht theirmeach	$\dfrac{\Delta E}{\Delta t} = kA\,\dfrac{\Delta\theta}{\Delta l}$	thermal conductivity
friotachas teirmeach	$r = \dfrac{1}{k}$	thermal resistivity
R-luach (friotaíocht theirmeach)	$R = \dfrac{l}{k} = lr$	R-value (thermal resistance)
U-luach (tarchuras teirmeach)	$\dfrac{\Delta E}{\Delta t} = AU\Delta\theta$	U-value (thermal transmittance)
U-luach de bhacainn ilchodach	$U = \dfrac{1}{\Sigma R} \qquad \dfrac{1}{U} = \dfrac{1}{U_1} + \dfrac{1}{U_2} + \dots$	U-value of a composite barrier

treoluas fuaime	$c = f\lambda$	velocity of a wave
iarmhairt Doppler	$f' = \dfrac{fc}{c \pm u}$	Doppler effect
minicíocht bhunúsach sreinge rite	$f = \dfrac{1}{2l}\sqrt{\dfrac{T}{\mu}}$	fundamental frequency of a stretched string
comhéifeacht athraonta	$n = \dfrac{c_1}{c_2}$	refractive index
gríl díraonta	$n\lambda = d\sin\theta$	diffraction grating
fuinneamh fótóin	$E = hf$	energy of a photon
dlí fótaileictreach Einstein	$hf = \Phi + \dfrac{1}{2}mv_{max}^2 \; ; \;\; \Phi = hf_0$	Einstein's photoelectric law

foirmle lionsa agus scannáin	$\dfrac{1}{f} = \dfrac{1}{u} + \dfrac{1}{v}$	mirror and lens formula
formhéadú	$m = \dfrac{v}{u}$	magnification
cumhacht lionsa	$P = \dfrac{1}{f}$	power of a lens
dhá lionsa thanaí i dteagmháil le chéile	$P = P_1 + P_2$	two thin lenses in contact
comhéifeacht athraonta	$n = \dfrac{\sin i}{\sin r} = \dfrac{1}{\sin C}$	refractive index

dlí Coulomb	$F = \dfrac{1}{4\pi\varepsilon}\dfrac{q_1 q_2}{d^2}$	Coulomb's law
neart réimse leictrigh	$E = \dfrac{F}{q}$	electric field strength
difríocht poitéinsil	$V = \dfrac{W}{q}$	potential difference
friotaíocht	$R = \dfrac{V}{I}$	resistance
friotachas	$\rho = \dfrac{RA}{l}$	resistivity
friotóirí i sraithcheangal	$R = R_1 + R_2$	resistors in series
friotóirí i dtreocheangal	$\dfrac{1}{R} = \dfrac{1}{R_1} + \dfrac{1}{R_2}$	resistors in parallel
droichead Wheatstone	$\dfrac{R_1}{R_2} = \dfrac{R_3}{R_4}$	Wheatstone bridge
dlí Joule	$P \propto I^2$	Joule's law

cumhacht (mheandrach)	$P = VI$	power (instantaneous)
fórsa ar sheoltóir sruthiompartha	$F = IlB; \quad l \perp B$	force on a current-carrying conductor
fórsa ar cháithnín luchtaithe	$F = qvB; \quad v \perp B$	force on a charged particle
flg ionduchtaithe	$E = -\dfrac{d\Phi}{dt}$	induced emf
voltas agus sruth ailtéarnach	$V_{\text{rms}} = \dfrac{V_0}{\sqrt{2}} \qquad I_{\text{rms}} = \dfrac{I_0}{\sqrt{2}}$	alternating voltage and current
toilleas	$C = \dfrac{q}{V}$	capacitance
toilleoir plátaí comhthreomhara	$C = \dfrac{\varepsilon_0 A}{d}$	parallel-plate capacitor
an fuinneamh atá stóráilte i dtoilleoir	$W = \tfrac{1}{2} CV^2$	energy stored in capacitor
flosc maighnéadach	$\Phi = BA$	magnetic flux
claochladán	$\dfrac{V_{\text{i}}}{V_{\text{o}}} = \dfrac{N_{\text{p}}}{N_{\text{s}}}$	transformer

gníomhaíocht	$A = -\dfrac{dN}{dt}$	activity
dlí an mheatha radaighníomhaigh	$A = \lambda N$	law of radioactive decay
leath-ré	$T_{1/2} = \dfrac{\ln 2}{\lambda}$	half-life
coibhéis mhaise is fuinnimh	$E = mc^2$	mass-energy equivalence

Irish	Value	English
teocht chaighdeánach	273.15 K	standard temperature
tríphointe an uisce	273.16 K	triple point of water
brú caighdeánach	1.01325×10^5 Pa	standard pressure
toirt mhólarach (ina lítir) ag brú agus teocht chaighdeánach	22.4	molar volume (in litres) at standard temperature and pressure
pH	$pH = -\log_{10}[H^+] = -\log_{10}[H_3O^+]$	pH
toradh ianach an uisce	$K_w = [H^+][OH^-] = [H_3O^+][OH^-]$	ionic product of water
cothromóid uilíoch an gháis	$pV = nRT = NkT$	universal gas equation
aonad maise (adamhaí)	$1\ u = 1.660\ 5402 \times 10^{-27}$ kg	(atomic) mass unit

Braitheann brí siombailí áirithe ar an gcomhthéacs ina n-úsáidtear iad. In ord aibítre na siombailí atá an tábla. Tá na litreacha Gréigise chun deiridh.

The meaning of some symbols depends on the context in which they are used. The table is alphabetically ordered by symbol. Greek letters are at the end.

Cainníocht	*Siombail* / Symbol	*Aonad SI* / SI unit	Quantity
luasghéarú	a	$\mathrm{m\ s^{-2}}$	acceleration
gníomhaíocht	A	Bq	activity
aimplitiúid	A	m	amplitude
achar	A	$\mathrm{m^2}$	area
maisuimhir	A	kg	mass number
mais adamhach choibhneasta	A_r		relative atomic mass
floscdhlús maighnéadach	B	T	magnetic flux density
tiúchan	c	$\mathrm{mol\ m^{-3}}$	concentration
saintoilleadh teasa	c	$\mathrm{J\ kg^{-1}\ K^{-1}}$	specific heat capacity
luas an tsolais	c	$\mathrm{m\ s^{-1}}$	speed of light
luas an tsolais *in vacuo*	c_0	$\mathrm{m\ s^{-1}}$	speed of light *in vacuo*

Cainníocht	*Siombail* Symbol	*Aonad SI* SI unit	Quantity
toilleas	C	F	capacitance
uillinn chriticiúil	C		critical angle
toilleadh teasa	C	$J\,K^{-1}$	heat capacity
fad slí	d	m	distance
dáileog ionsúite	D	Gy	absorbed dose
lucht leictreonach	e	C	electronic charge
comhéifeacht an chúitimh	e		coefficient of restitution
fuinneamh gníomhachtúcháin	E	$J\,mol^{-1}$	activation energy
neart réimse leictrigh	E	$V\,m^{-1}$	electric field strength
flg (fórsa leictreaghluaisneach)	E	V	emf (electromotive force)
fuinneamh	E	J	energy
modal Young	E	$N\,m^{-2}$	Young's modulus
fuinneamh (cinéiteach)	E_k	J	energy (kinetic)
fuinneamh (poitéinsiúil)	E_p	J	energy (potential)
fad fócasach	f	m	focal length
minicíocht	f	Hz	frequency
minicíocht tairsí	f_0	Hz	threshold frequency

Cainníocht	*Siombail* / Symbol	*Aonad SI* / SI unit	Quantity
tairiseach Faraday	F	$C\ mol^{-1}$	Faraday constant
fórsa	F	N	force
luasghéarú de bharr na domhantarraingthe	g	$m\ s^{-2}$	acceleration due to gravity
tairiseach na himtharraingthe	G	$m^3\ kg^{-1}\ s^{-2}$	gravitational constant
tairiseach Planck	h	J s	Planck constant
coibhéis dháileogach	H	Sv	dose equivalent
eantalpacht	H	$J\ mol^{-1}$	enthalpy
neart réimse mhaighnéadaigh	H	$A\ m^{-1}$	magnetic field strength
sruth leictreach	I	A	electric current
ríog	I	N s	impulse
móimint na táimhe	I	$kg\ m^2$	moment of inertia
fuaimdhéine	I	$W\ m^{-2}$	sound intensity
leibhéal fuaimdhéine	$I.L.$		sound intensity level
déine lonrúil	I_v	cd	luminous intensity
tairiseach (cineálach)	k		constant (generic)
tairiseach Boltzmann	k	$J\ K^{-1}$	Boltzmann constant
seoltacht theirmeach	k	$W\ m^{-1}\ K^{-1}$	thermal conductivity

Cainníocht	Siombail Symbol	Aonad SI SI unit	Quantity
toradh ianach an uisce	K_w	$mol^2\ m^{-6}$	ionic product of water
fad	l	m	length
móiminteam uilleach	L	J s	angular momentum
teas folaigh	L	J	latent heat
uathionduchtas	L	H	self inductance
formhéadú	m		magnification
mais	m	kg	mass
mólaracht	M	$mol\ m^{-3}$	molarity
móimint fórsa	M	N m	moment of a force
comhionduchtas	M	H	mutual inductance
mais mhóilíneach choibhneasta	M_r		relative molecular mass
méid substainte	n	mol	amount of substance
comhéifeacht athraonta	n		refractive index
líon cáithníní	N		number of particles
líon cor	N		number of turns
tairiseach Avogadro	N_A	mol^{-1}	Avogadro constant
neart poil mhaighnéadaigh	p	Wb	magnetic pole strength

Cainníocht	*Siombail* Symbol	*Aonad SI* SI unit	Quantity
móiminteam	p	kg m s^{-1}	momentum
brú	p, P	Pa	pressure
cumhacht	P	W	power
lucht	q	C	charge
fuinneamh (teas)	Q	J	energy (heat)
friotachas teirmeach	r	K m W^{-1}	thermal resistivity
frithghníomhú normalach	R	N	normal reaction
friotachas	R	Ω	resistance
ga	r, R	m	radius
R-luach (friotaíocht theirmeach)	R	$\text{K m}^2 \text{ W}^{-1}$	R-value (thermal resistance)
tairiseach uilíoch gáis	R	$\text{J K}^{-1} \text{mol}^{-1}$	universal gas constant
díláithriú, fad	s	m	displacement, distance
am	t	s	time
teocht Celsius	t, θ	°C	Celsius temperature
am tréimhsiúil	T	s	periodic time
teocht	T	K	temperature
teannas	T	N	tension

Cainníocht	Siombail Symbol	Aonad SI SI unit	Quantity
torc	T	N m	torque
leathré	$T_{1/2}$	s	half-life
U-luach (tarchuras teirmeach)	U	$\text{W m}^{-2}\,\text{K}^{-1}$	U-value (thermal transmittance)
luas, treoluas	u	m s^{-1}	speed, velocity
luas, treoluas	v	m s^{-1}	speed, velocity
difríocht poitéinsil (voltas)	V	V	potential difference (voltage)
toirt	V	m^3	volume
fuinneamh (leictreach)	W	J	energy (electrical)
meáchan	W	N	weight
obair	W	J	work
uimhir adamhach	Z		atomic number
athrú teochta	$\Delta\theta$	K	change in temperature
ceadaíocht	ε	F m^{-1}	permittivity
ceadaíocht an tsaorspáis	ε_0	F m^{-1}	permittivity of free space
straidhn	ε		strain
uillinn	θ	rad	angle

Cainníocht	Siombail Symbol	Aonad SI SI unit	Quantity
teocht Celsius	θ	°C	Celsius temperature
tonnfhad	λ	m	wavelength
comhéifeacht na frithchuimilte	μ		coefficient of friction
tréscaoilteacht	μ	H m^{-1}	permeability
tréscaoilteacht an tsaorspáis	μ_0	H m^{-1}	permeability of free space
dlús	ρ	kg m^{-3}	density
friotachas	ρ	Ω m	resistivity
strus	σ	Pa	stress
flosc maighnéadach	Φ	Wb	magnetic flux
feidhm oibre	Φ	J	work function
treoluas uilleach	ω	rad s^{-1}	angular velocity
uillinn sholadach	Ω	sr	solid angle

Lasca   **Switches**

sá-lasc chun ceangail	sá-lasc chun gearrtha	lasc gnáthoscailte (lasc aon phoil aon bhealaigh) (SPST)	lasc gnáthdhúnta (SPST)
push-to-make switch	push-to-break switch	normally open switch (single-pole single-throw switch) (SPST)	normally closed switch (SPST)
lasc dhá bhealach (lasc aon phoil dhébhealaigh) (SPDT)	lasc phoil dhúbailte aon bhealaigh (DPST)	lasc phoil dhúbailte dhébhealaigh (DPDT)	athsheachadán
two-way switch (single-pole double-throw switch) (SPDT)	double-pole single-throw switch (DPST)	double-pole double-throw switch (DPDT)	relay

Seoltóirí   **Conductors**

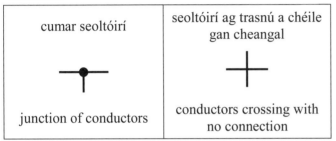

cumar seoltóirí	seoltóirí ag trasnú a chéile gan cheangal
junction of conductors	conductors crossing with no connection

Soláthar cumhachta   **Power supply**

cill	ceallra	soláthar s.d.	soláthar s.a.
cell	battery	d.c. supply	a.c. supply
cill fhótavoltach	claochladán	fiús	talmhú
photovoltaic cell	transformer	fuse	earth

Friotóirí — Resistors

friotóir fosaithe	**friotóir inathraithe (réastat)**	**friotóir inathraithe réamhshocraithe**	**roinnteoir poitéinsil**
fixed resistor	variable resistor (rheostat)	preset variable resistor	potential divider
teirmeastar	**friotóir solas-spleách**		
thermistor	light-dependent resistor		

Toilleoirí — Capacitors

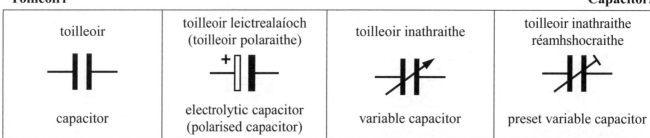

toilleoir	**toilleoir leictrealaíoch (toilleoir polaraithe)**	**toilleoir inathraithe**	**toilleoir inathraithe réamhshocraithe**
capacitor	electrolytic capacitor (polarised capacitor)	variable capacitor	preset variable capacitor

Dé-óidí   Diodes

dé-óid	dé-óid Zener	fótaidhé-óid	dé-óid astaithe solais (LED)
diode	Zener diode	photodiode	light-emitting diode (LED)

Méadair   Meters

voltmhéadar	galbhánaiméadar	aimpmhéadar	óm-mhéadar
voltmeter	galvanometer	ammeter	ohmmeter

ascalascóp
oscilloscope

Trasraitheoirí agus aimpliú   **Transistors and amplification**

trasraitheoir cumair npn	trasraitheoir tionchar réimse n-chainéil (JFET)	fótathrasraitheoir	aimplitheoir
npn-junction transistor	n-channel field-effect transistor (JFET)	phototransistor	amplifier

Fuaim   **Audio**

micreafón	cluasán	callaire	cloigín
microphone	earphone	loudspeaker	bell
dordánaí	trasduchtóir písileictreach	aeróg	
buzzer	piezoelectric transducer	aerial (antenna)	

Lampaí

lampa filiméid	lampa comhartha	lampa neoin
filament lamp	signal lamp	neon lamp

Feistí eile

Other devices

mótar	téitheoir	ionduchtóir	ionduchtóir le croíleacán fearómaighnéadach
motor	heater	inductor	inductor with ferromagnetic core

Geataí loighce

Logic gates

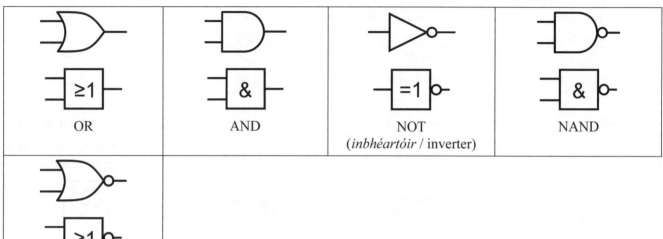

OR

AND

NOT
(*inbhéartóir* / inverter)

NAND

NOR

Tábla peiriadach na ndúl   Periodic table of the elements

1																	18
1 **H** 1.008	2											13	14	15	16	17	2 **He** 4.003
3 **Li** 6.941	4 **Be** 9.012											5 **B** 10.81	6 **C** 12.01	7 **N** 14.01	8 **O** 16.00	9 **F** 19.00	10 **Ne** 20.18
11 **Na** 22.99	12 **Mg** 24.31	3	4	5	6	7	8	9	10	11	12	13 **Al** 26.98	14 **Si** 28.09	15 **P** 30.97	16 **S** 32.07	17 **Cl** 35.45	18 **Ar** 39.95
19 **K** 39.10	20 **Ca** 40.08	21 **Sc** 44.96	22 **Ti** 47.87	23 **V** 50.94	24 **Cr** 52.00	25 **Mn** 54.94	26 **Fe** 55.85	27 **Co** 58.93	28 **Ni** 58.69	29 **Cu** 63.55	30 **Zn** 65.41	31 **Ga** 69.72	32 **Ge** 72.64	33 **As** 74.92	34 **Se** 78.96	35 **Br** 79.90	36 **Kr** 83.80
37 **Rb** 85.47	38 **Sr** 87.62	39 **Y** 88.91	40 **Zr** 91.22	41 **Nb** 92.91	42 **Mo** 95.94	43 **Tc** (97.91)	44 **Ru** 101.1	45 **Rh** 102.9	46 **Pd** 106.4	47 **Ag** 107.9	48 **Cd** 112.4	49 **In** 114.8	50 **Sn** 118.7	51 **Sb** 121.8	52 **Te** 127.6	53 **I** 126.9	54 **Xe** 131.3
55 **Cs** 132.9	56 **Ba** 137.3	57 **La** 138.9	72 **Hf** 178.5	73 **Ta** 180.9	74 **W** 183.8	75 **Re** 186.2	76 **Os** 190.2	77 **Ir** 192.2	78 **Pt** 195.1	79 **Au** 197.0	80 **Hg** 200.6	81 **Tl** 204.4	82 **Pb** 207.2	83 **Bi** 209.0	84 **Po** (209.0)	85 **At** (210.0)	86 **Rn** (222.0)
87 **Fr** (223.0)	88 **Ra** (226.0)	89 **Ac** (227.0)	104 **Rf** (261.1)	105 **Db** (262.1)	106 **Sg** (266.1)	107 **Bh** (264.1)	108 **Hs** (277.0)	109 **Mt** (268.1)	110 **Ds** (271.0)	111 **Rg** (272.2)	112 **Uub** (285.0)	113 **Uut** (284)	114 **Uuq** (289.0)	115 **Uup** (288)	116 **Uuh** (289.0)	117 **Uus***	118 **Uuo** (293.0)

* Níor braitheadh an dúil seo go fóill (2009).
Ar lch 82 atá an tSraith Lantanóideach agus an tSraith Achtanóideach.
Cuireann na lúibíní in iúl nach bhfuil iseatóp cobhsaí ag an dúil.

* This element has not yet been detected (2009).
See page 82 for the Lanthanoid and the Actinoid Series.
Brackets indicate that the element has no stable isotope.

Fuinneamh céadianúcháin na ndúl
(ina kJ mol^{-1})

First ionisation energies of the elements
(in kJ mol^{-1})

1	2	3	4	5	6	7	8	9	10	11	12	13	14	15	16	17	18
1 **H** 1312																	2 **He** 2372
3 **Li** 520	4 **Be** 900											5 **B** 801	6 **C** 1086	7 **N** 1402	8 **O** 1314	9 **F** 1681	10 **Ne** 2081
11 **Na** 496	12 **Mg** 738											13 **Al** 578	14 **Si** 789	15 **P** 1012	16 **S** 1000	17 **Cl** 1251	18 **Ar** 1521
19 **K** 419	20 **Ca** 590	21 **Sc** 631	22 **Ti** 658	23 **V** 650	24 **Cr** 653	25 **Mn** 717	26 **Fe** 759	27 **Co** 758	28 **Ni** 737	29 **Cu** 746	30 **Zn** 906	31 **Ga** 579	32 **Ge** 762	33 **As** 947	34 **Se** 941	35 **Br** 1140	36 **Kr** 1351
37 **Rb** 403	38 **Sr** 550	39 **Y** 616	40 **Zr** 660	41 **Nb** 665	42 **Mo** 685	43 **Tc** 702	44 **Ru** 711	45 **Rh** 720	46 **Pd** 805	47 **Ag** 731	48 **Cd** 868	49 **In** 558	50 **Sn** 709	51 **Sb** 834	52 **Te** 869	53 **I** 1008	54 **Xe** 1170
55 **Cs** 376	56 **Ba** 503	57 **La** 538	72 **Hf** 680	73 **Ta** 761	74 **W** 770	75 **Re** 760	76 **Os** 840	77 **Ir** 880	78 **Pt** 870	79 **Au** 890	80 **Hg** 1007	81 **Tl** 589	82 **Pb** 716	83 **Bi** 703	84 **Po** 812	85 **At** 890±40	86 **Rn** 1037
87 **Fr** 380	88 **Ra** 509	89 **Ac** 499	104 **Rf** 580	105 **Db** --	106 **Sg** --	107 **Bh** --	108 **Hs** --	109 **Mt** --	110 **Ds** --	111 **Rg** --	112 **Uub** --	113 **Uut** --	114 **Uuq** --	115 **Uup** --	116 **Uuh** --	117 **Uus*** --	118 **Uuo** --

Ar lch 82 atá an tSraith Lantanóideach agus an tSraith Achtanóideach.

See page 82 for the Lanthanoid and the Actinoid Series.

Luachanna leictridhiúltachta na ndúl

(Ag baint úsáid as scála Pauling)

Electronegativity values of the elements

(Using the Pauling scale)

1																	18
1 **H** 2.20	**2**																2 **He** --
3 **Li** 0.98	4 **Be** 1.57											**13**	**14**	**15**	**16**	**17**	10 **Ne** --
11 **Na** 0.93	12 **Mg** 1.31	**3**	**4**	**5**	**6**	**7**	**8**	**9**	**10**	**11**	**12**	5 **B** 2.04	6 **C** 2.55	7 **N** 3.04	8 **O** 3.44	9 **F** 3.98	18 **Ar** --
19 **K** 0.82	20 **Ca** 1.00	21 **Sc** 1.36	22 **Ti** 1.54	23 **V** 1.63	24 **Cr** 1.66	25 **Mn** 1.55	26 **Fe** 1.83	27 **Co** 1.88	28 **Ni** 1.91	29 **Cu** 1.90	30 **Zn** 1.65	13 **Al** 1.61	14 **Si** 1.90	15 **P** 2.19	16 **S** 2.58	17 **Cl** 3.16	
37 **Rb** 0.82	38 **Sr** 0.95	39 **Y** 1.22	40 **Zr** 1.33	41 **Nb** 1.60	42 **Mo** 2.16	43 **Tc** 2.10	44 **Ru** 2.20	45 **Rh** 2.28	46 **Pd** 2.20	47 **Ag** 1.93	48 **Cd** 1.69	31 **Ga** 1.81	32 **Ge** 2.01	33 **As** 2.18	34 **Se** 2.55	35 **Br** 2.96	36 **Kr** --
55 **Cs** 0.79	56 **Ba** 0.89	57 **La** 1.10	72 **Hf** 1.30	73 **Ta** 1.50	74 **W** 1.70	75 **Re** 1.90	76 **Os** 2.20	77 **Ir** 2.20	78 **Pt** 2.20	79 **Au** 2.40	80 **Hg** 1.90	49 **In** 1.78	50 **Sn** 1.96	51 **Sb** 2.05	52 **Te** 2.10	53 **I** 2.66	54 **Xe** 2.60
87 **Fr** 0.70	88 **Ra** 0.90	89 **Ac** 1.10	104 **Rf** --	105 **Db** --	106 **Sg** --	107 **Bh** --	108 **Hs** --	109 **Mt** --	110 **Ds** --	111 **Rg** --	112 **Uub** --	81 **Tl** 1.80	82 **Pb** 1.80	83 **Bi** 1.90	84 **Po** 2.00	85 **At** 2.20	86 **Rn** --
												113 **Uut** --	114 **Uuq** --	115 **Uup** --	116 **Uuh** --	117 **Uus*** --	118 **Uuo** --

Ar lch 82 atá an tSraith Lantanóideach agus an tSraith Achtanóideach.

See page 82 for the Lanthanoid and the Actinoid Series.

Tábla peiriadach na ndúl

An tSraith	58	59	60	61	62	63	64	65	66	67	68	69	70	71
Lantanóideach	Ce	Pr	Nd	Pm	Sm	Eu	Gd	Tb	Dy	Ho	Er	Tm	Yb	Lu
Lanthanoid Series	140.1	140.9	144.2	(144.9)	150.4	152.0	157.3	158.9	162.5	164.9	167.3	168.9	173.0	175.0
An tSraith	90	91	92	93	94	95	96	97	98	99	100	101	102	103
Achtanóideach	Th	Pa	U	Np	Pu	Am	Cm	Bk	Cf	Es	Fm	Md	No	Lr
Actinoid Series	232.0	231.0	238.0	(237.0)	(244.1)	(243.1)	(247.1)	(247.1)	(251.1)	(252.1)	(257.1)	(258.1)	(259.1)	(262.1)

Cuireann na lúibíní in iúl nach bhfuil iseatóp cobhsaí ag an dúil.   Brackets indicate that the element has no stable isotope.

Fuinneamh céadianúcháin na ndúl
(ina kJ mol^{-1})

An tSraith	58	59	60	61	62	63	64	65	66	67	68	69	70	71
Lantanóideach	Ce	Pr	Nd	Pm	Sm	Eu	Gd	Tb	Dy	Ho	Er	Tm	Yb	Lu
Lanthanoid Series	534	527	533	540	545	547	593	566	573	581	589	597	603	524
An tSraith	90	91	92	93	94	95	96	97	98	99	100	101	102	103
Achtanóideach	Th	Pa	U	Np	Pu	Am	Cm	Bk	Cf	Es	Fm	Md	No	Lr
Actinoid Series	587	568	598	605	581	576	581	601	608	619	627	635	642	470

Luachanna leictridhiúltachta na ndúl
(Ag baint úsáid as scála Pauling)

An tSraith	58	59	60	61	62	63	64	65	66	67	68	69	70	71
Lantanóideach	Ce	Pr	Nd	Pm	Sm	Eu	Gd	Tb	Dy	Ho	Er	Tm	Yb	Lu
Lanthanoid Series	1.12	1.13	1.14	– –	1.17	– –	1.20	– –	1.22	1.23	1.24	1.25	– –	1.00
An tSraith	90	91	92	93	94	95	96	97	98	99	100	101	102	103
Achtanóideach	Th	Pa	U	Np	Pu	Am	Cm	Bk	Cf	Es	Fm	Md	No	Lr
Actinoid Series	1.30	1.50	1.70	1.30	1.30	1.30	1.30	1.30	1.30	1.30	1.30	1.30	1.30	1.30

Liosta atá sa tábla de mhaiseanna na núiclídí cobhsaí agus de mhaiseanna na n-iseatóp is fadsaolaí de na núiclídí éagobhsaí. Tugtar céatadán líonmhaireachta nádúrtha na núiclídí cobhsaí agus leathré na n-iseatóp is fadsaolaí de na núiclídí éagobhsaí. Tugtar sonraí breise i gcomhair an úráiniam.

The table lists the mass of the stable nuclides and that of the longest-lived isotope of the unstable nuclides. The percentage natural abundance is given for the stable nuclides and the half-life is given for the longest-lived isotope of the unstable nuclides. Additional information is given for uranium.

Z	siombail symbol	mais adaimh mass of atom (u)	líonmhaireacht abundance (%)	leathré half-life
1	^{1}H	1.007 825	99.9885	
	^{2}H	2.014 102	0.0115	
	^{3}H	3.016 049	–	12.33 y
2	^{3}He	3.016 029	0.000134	
	^{4}He	4.002 603	99.999866	
3	^{6}Li	6.015 123	7.59	
	^{7}Li	7.016 005	92.41	
4	^{9}Be	9.012 182	100	
5	^{10}B	10.012 937	19.9	
	^{11}B	11.009 305	80.1	
6	^{12}C	12.000 000	98.93	
	^{13}C	13.003 355	1.07	
	^{14}C	14.003 242	–	5730 y
7	^{14}N	14.003 074	99.636	

Z	siombail symbol	mais adaimh mass of atom (u)	líonmhaireacht abundance (%)	leathré half-life
	^{15}N	15.000 109	0.364	
8	^{16}O	15.994 915	99.757	
	^{17}O	16.999 132	0.038	
	^{18}O	17.999 161	0.205	
9	^{19}F	18.998 403	100	
10	^{20}Ne	19.992 440	90.48	
	^{21}Ne	20.993 847	0.27	
	^{22}Ne	21.991 385	9.25	
11	^{23}Na	22.989 769	100	
12	^{24}Mg	23.985 042	78.99	
	^{25}Mg	24.985 837	10.00	
	^{26}Mg	25.982 593	11.01	
13	^{27}Al	26.981 538	100	
14	^{28}Si	27.976 927	92.223	

Z	siombail symbol	mais adaimh mass of atom (u)	líonmhaireacht abundance (%)	leathré half-life
	^{29}Si	28.976 495	4.685	
	^{30}Si	29.973 770	3.092	
15	^{31}P	30.973 762	100	
16	^{32}S	31.972 071	94.99	
	^{33}S	32.971 458	0.75	
	^{34}S	33.967 867	4.25	
	^{36}S	35.967 081	0.01	
17	^{35}Cl	34.968 853	75.76	
	^{37}Cl	36.965 903	24.24	
18	^{36}Ar	35.967 545	0.3365	
	^{38}Ar	37.962 732	0.0632	
	^{40}Ar	39.962 383	99.6003	
19	^{39}K	38.963 707	93.2581	
	^{40}K	39.963 999	0.0117	
	^{41}K	40.961 826	6.7302	
20	^{40}Ca	39.962 591	96.941	
	^{42}Ca	41.958 618	0.647	
	^{43}Ca	42.958 767	0.135	
	^{44}Ca	43.955 482	2.086	
	^{46}Ca	45.953 693	0.004	
	^{48}Ca	47.952 534	0.187	

Z	siombail symbol	mais adaimh mass of atom (u)	líonmhaireacht abundance (%)	leathré half-life
21	^{45}Sc	44.955 912	100	
22	^{46}Ti	45.952 632	8.25	
	^{47}Ti	46.951 763	7.44	
	^{48}Ti	47.947 946	73.72	
	^{49}Ti	48.947 870	5.41	
	^{50}Ti	49.944 791	5.18	
23	^{50}V	49.947 159	0.250	
	^{51}V	50.943 960	99.750	
24	^{50}Cr	49.946 044	4.345	
	^{52}Cr	51.940 508	83.789	
	^{53}Cr	52.940 649	9.501	
	^{54}Cr	53.938 880	2.365	
25	^{55}Mn	54.938 045	100	
26	^{54}Fe	53.939 611	5.845	
	^{56}Fe	55.934 938	91.754	
	^{57}Fe	56.935 394	2.119	
	^{58}Fe	57.933 276	0.282	
27	^{59}Co	58.933 195	100	
28	^{58}Ni	57.935 343	68.0769	
	^{60}Ni	59.930 786	26.2231	
	^{61}Ni	60.931 056	1.1399	

Z	siombail symbol	mais adaimh mass of atom (u)	líonmhaireacht abundance (%)	leathré half-life
	^{62}Ni	61.928 345	3.6345	
	^{64}Ni	63.927 966	0.9256	
29	^{63}Cu	62.929 598	69.15	
	^{65}Cu	64.927 790	30.85	
30	^{64}Zn	63.929 142	48.268	
	^{66}Zn	65.926 033	27.975	
	^{67}Zn	66.927 127	4.102	
	^{68}Zn	67.924 844	19.024	
	^{70}Zn	69.925 319	0.631	
31	^{69}Ga	68.925 574	60.108	
	^{71}Ga	70.924 701	39.892	
32	^{70}Ge	69.924 247	20.38	
	^{72}Ge	71.922 076	27.31	
	^{73}Ge	72.923 459	7.76	
	^{74}Ge	73.921 178	36.72	
	^{76}Ge	75.921 403	7.83	
33	^{75}As	74.921 597	100	
34	^{74}Se	73.922 476	0.89	
	^{76}Se	75.919 214	9.37	
	^{77}Se	76.919 914	7.63	
	^{78}Se	77.917 309	23.77	

Z	siombail symbol	mais adaimh mass of atom (u)	líonmhaireacht abundance (%)	leathré half-life
	^{80}Se	79.916 521	49.61	
	^{82}Se	81.916 700	8.73	
35	^{79}Br	78.918 337	50.69	
	^{81}Br	80.916 291	49.31	
36	^{78}Kr	77.920 365	0.355	
	^{80}Kr	79.916 379	2.286	
	^{82}Kr	81.913 484	11.593	
	^{83}Kr	82.914 136	11.500	
	^{84}Kr	83.911 507	56.987	
	^{86}Kr	85.910 611	17.279	
37	^{85}Rb	84.911 790	72.17	
	^{87}Rb	86.909 181	27.83	
38	^{84}Sr	83.913 425	0.56	
	^{86}Sr	85.909 260	9.86	
	^{87}Sr	86.908 877	7.00	
	^{88}Sr	87.905 612	82.58	
39	^{89}Y	88.905 848	100	
40	^{90}Zr	89.904 704	51.45	
	^{91}Zr	90.905 645	11.22	
	^{92}Zr	91.905 041	17.15	
	^{94}Zr	93.906 315	17.38	

Z	siombail symbol	mais adaimh mass of atom (u)	líonmhaireacht abundance (%)	leathré half-life
	^{96}Zr	95.908 273	2.80	
41	^{93}Nb	92.906 378	100	
42	^{92}Mo	91.906 811	14.77	
	^{94}Mo	93.905 088	9.23	
	^{95}Mo	94.905 842	15.90	
	^{96}Mo	95.904 680	16.68	
	^{97}Mo	96.906 020	9.56	
	^{98}Mo	97.905 408	24.19	
	^{100}Mo	99.907 477	9.67	
43	^{98}Tc	97.907 216	–	4.2×10^6 y
44	^{96}Ru	95.907 598	5.54	
	^{98}Ru	97.905 287	1.87	
	^{99}Ru	98.905 939	12.76	
	^{100}Ru	99.904 220	12.60	
	^{101}Ru	100.905 582	17.06	
	^{102}Ru	101.904 350	31.55	
	^{104}Ru	103.905 433	18.62	
45	^{103}Rh	102.905 504	100	
46	^{102}Pd	101.905 609	1.02	
	^{104}Pd	103.904 036	11.14	
	^{105}Pd	104.905 085	22.33	

Z	siombail symbol	mais adaimh mass of atom (u)	líonmhaireacht abundance (%)	leathré half-life
	^{106}Pd	105.903 486	27.33	
	^{108}Pd	107.903 892	26.46	
	^{110}Pd	109.905 153	11.72	
47	^{107}Ag	106.905 097	51.839	
	^{109}Ag	108.904 752	48.161	
48	^{106}Cd	105.906 459	1.25	
	^{108}Cd	107.904 184	0.89	
	^{110}Cd	109.903 002	12.49	
	^{111}Cd	110.904 178	12.80	
	^{112}Cd	111.902 758	24.13	
	^{113}Cd	112.904 402	12.22	
	^{114}Cd	113.903 359	28.73	
	^{116}Cd	115.904 756	7.49	
49	^{113}In	112.904 058	4.29	
	^{115}In	114.903 878	95.71	
50	^{112}Sn	111.904 819	0.97	
	^{114}Sn	113.902 780	0.66	
	^{115}Sn	114.903 342	0.34	
	^{116}Sn	115.901 741	14.54	
	^{117}Sn	116.902 952	7.68	
	^{118}Sn	117.901 603	24.22	

Z	siombail symbol	mais adaimh mass of atom (u)	líonmhaireacht abundance (%)	leathré half-life
	^{119}Sn	118.903 308	8.59	
	^{120}Sn	119.902 195	32.58	
	^{122}Sn	121.903 440	4.63	
	^{124}Sn	123.905 274	5.79	
51	^{121}Sb	120.903 816	57.21	
	^{123}Sb	122.904 214	42.79	
52	^{120}Te	119.904 020	0.09	
	^{122}Te	121.903 044	2.55	
	^{123}Te	122.904 270	0.89	
	^{124}Te	123.902 818	4.74	
	^{125}Te	124.904 431	7.07	
	^{126}Te	125.903 312	18.84	
	^{128}Te	127.904 463	31.74	
	^{130}Te	129.906 224	34.08	
53	^{127}I	126.904 473	100	
54	^{124}Xe	123.905 893	0.0952	
	^{126}Xe	125.904 274	0.0890	
	^{128}Xe	127.903 531	1.9102	
	^{129}Xe	128.904 779	26.4006	
	^{130}Xe	129.903 508	4.0710	
	^{131}Xe	130.905 082	21.2324	

Z	siombail symbol	mais adaimh mass of atom (u)	líonmhaireacht abundance (%)	leathré half-life
	^{132}Xe	131.904 154	26.9086	
	^{134}Xe	133.905 395	10.4357	
	^{136}Xe	135.907 220	8.8573	
55	^{133}Cs	132.905 452	100	
56	^{130}Ba	129.906 321	0.106	
	^{132}Ba	131.905 061	0.101	
	^{134}Ba	133.904 508	2.417	
	^{135}Ba	134.905 687	6.592	
	^{136}Ba	135.904 576	7.854	
	^{137}Ba	136.905 827	11.232	
	^{138}Ba	137.905 247	71.698	
57	^{138}La	137.907 112	0.090	
	^{139}La	138.906 353	99.910	
58	^{136}Ce	135.907 172	0.185	
	^{138}Ce	137.905 991	0.251	
	^{140}Ce	139.905 439	88.450	
	^{142}Ce	141.909 244	11.114	
59	^{141}Pr	140.907 643	100	
60	^{142}Nd	141.907 723	27.2	
	^{143}Nd	142.909 814	12.2	
	^{144}Nd	143.910 088	23.8	

Z	siombail symbol	mais adaimh mass of atom (u)	líonmhaireacht abundance (%)	leathré half-life	Z	siombail symbol	mais adaimh mass of atom (u)	líonmhaireacht abundance (%)	leathré half-life
	^{145}Nd	144.912 574	8.3		65	^{159}Tb	158.925 347	100	
	^{146}Nd	145.913 117	17.2		66	^{156}Dy	155.924 283	0.056	
	^{148}Nd	147.916 893	5.7			^{158}Dy	157.924 409	0.095	
	^{150}Nd	149.920 891	5.6			^{160}Dy	159.925 198	2.29	
61	^{145}Pm	144.912 744	–	17.7 y		^{161}Dy	160.926 933	18.889	
62	^{144}Sm	143.911 999	3.07			^{162}Dy	161.926 798	25.475	
	^{147}Sm	146.914 898	14.99			^{163}Dy	162.928 731	24.896	
	^{148}Sm	147.914 823	11.24			^{164}Dy	163.929 175	28.260	
	^{149}Sm	148.917 185	13.82		67	^{165}Ho	164.930 322	100	
	^{150}Sm	149.917 276	7.38		68	^{162}Er	161.928 778	0.139	
	^{152}Sm	151.919 732	26.75			^{164}Er	163.929 200	1.601	
	^{154}Sm	153.922 209	22.75			^{166}Er	165.930 293	33.503	
63	^{151}Eu	150.919 850	47.81			^{167}Er	166.932 048	22.869	
	^{153}Eu	152.921 230	52.19			^{168}Er	167.932 370	26.978	
64	^{152}Gd	151.919 791	0.20			^{170}Er	169.935 464	14.910	
	^{154}Gd	153.920 866	2.18		69	^{169}Tm	168.934 213	100	
	^{155}Gd	154.922 622	14.80		70	^{168}Yb	167.933 897	0.13	
	^{156}Gd	155.922 123	20.47			^{170}Yb	169.934 762	3.04	
	^{157}Gd	156.923 960	15.65			^{171}Yb	170.936 326	14.28	
	^{158}Gd	157.924 104	24.84			^{172}Yb	171.936 382	21.83	
	^{160}Gd	159.927 054	21.86			^{173}Yb	172.938 211	16.13	

Z	siombail symbol	mais adaimh mass of atom (u)	líonmhaireacht abundance (%)	leathré half-life
	^{174}Yb	173.938 862	31.83	
	^{176}Yb	175.942 572	12.76	
71	^{175}Lu	174.940 772	97.41	
	^{176}Lu	175.942 686	2.59	
72	^{174}Hf	173.940 046	0.16	
	^{176}Hf	175.941 409	5.26	
	^{177}Hf	176.943 221	18.60	
	^{178}Hf	177.943 699	27.28	
	^{179}Hf	178.945 816	13.62	
	^{180}Hf	179.946 550	35.08	
73	^{180}Ta	179.947 465	0.012	
	^{181}Ta	180.947 996	99.988	
74	^{180}W	179.946 704	0.12	
	^{182}W	181.948 204	26.50	
	^{183}W	182.950 223	14.31	
	^{184}W	183.950 931	30.64	
	^{186}W	185.954 364	28.43	
75	^{185}Re	184.952 955	37.40	
	^{187}Re	186.955 753	62.60	
76	^{184}Os	183.952 489	0.02	
	^{186}Os	185.953 838	1.59	

Z	siombail symbol	mais adaimh mass of atom (u)	líonmhaireacht abundance (%)	leathré half-life
	^{187}Os	186.955 751	1.96	
	^{188}Os	187.955 838	13.24	
	^{189}Os	188.958 148	16.15	
	^{190}Os	189.958 447	26.26	
	^{192}Os	191.961 481	40.78	
77	^{191}Ir	190.960 594	37.3	
	^{193}Ir	192.962 926	62.7	
78	^{190}Pt	189.959 932	0.014	
	^{192}Pt	191.961 038	0.782	
	^{194}Pt	193.962 680	32.967	
	^{195}Pt	194.964 791	33.832	
	^{196}Pt	195.964 952	25.242	
	^{198}Pt	197.967 893	7.163	
79	^{197}Au	196.966 569	100	
80	^{196}Hg	195.965 833	0.15	
	^{198}Hg	197.966 769	9.97	
	^{199}Hg	198.968 280	16.87	
	^{200}Hg	199.968 326	23.10	
	^{201}Hg	200.970 302	13.18	
	^{202}Hg	201.970 643	29.86	
	^{204}Hg	203.973 494	6.87	

Z	siombail symbol	mais adaimh mass of atom (u)	líonmhaireacht abundance (%)	leathré half-life
81	^{203}Tl	202.972 344	29.52	
	^{205}Tl	204.974 428	70.48	
82	^{204}Pb	203.973 044	1.4	
	^{206}Pb	205.974 465	24.1	
	^{207}Pb	206.975 897	22.1	
	^{208}Pb	207.976 652	52.4	
83	^{209}Bi	208.980 379	100	
84	^{209}Po	208.982 430	–	103 y
85	^{210}At	209.987 150	–	8.1 h
86	^{222}Rn	222.017 578	–	3.824 d
87	^{223}Fr	223.019 736	–	22.0 min
88	^{226}Ra	226.025 410	–	1602 y
89	^{227}Ac	227.027 752	–	21.77 y
90	^{232}Th	232.038 055	–	1.4×10^{10} y
91	^{231}Pa	231.035 884	–	3.28×10^{4} y
92	^{234}U	234.040 952	0.0054	2.46×10^{6} y
	^{235}U	235.043 930	0.7204	7.04×10^{8} y
	^{238}U	238.050 788	99.2742	4.47×10^{9} y
93	^{237}Np	237.048 167	–	2.14×10^{6} y
94	^{244}Pu	244.067 900	–	8.08×10^{7} y
95	^{243}Am	243.061 381	–	7.37×10^{3} y

Z	siombail symbol	mais adaimh mass of atom (u)	líonmhaireacht abundance (%)	leathré half-life
96	^{247}Cm	247.070 354	–	1.56×10^{7} y
97	^{247}Bk	247.070 310	–	1.38×10^{3} y
98	^{251}Cf	251.079 587	–	898 y
99	^{252}Es	252.082 980	–	1.29 y
100	^{257}Fm	257.095 110	–	100.5 d
101	^{258}Md	258.098 431	–	51.5 d
102	^{259}No	259.101 024	–	57 min
103	^{262}Lr	262.1096	–	3.6 h
104	^{263}Rf	263.1126	–	10.0 min
105	^{262}Db	262.1141	–	0.5 min
106	^{266}Sg	266.1221	–	~ 21 s
107	^{264}Bh	264.1246	–	1.0 s
108	^{269}Hs	269.1341	–	~ 14 s
109	^{268}Mt	268.1387	–	~ 42 ms
110	^{273}Ds	272.1489	–	118 ms
111	^{272}Rg	272.1536	–	~ 2 ms
112	^{285}Uub	285.174	–	~34 s
113	^{284}Uut	284.178	–	~ 0.49 s
114	^{289}Uuq	289.187	–	~ 2.7 s
115	^{288}Uup	288.192	–	~ 87.5 ms
116	^{293}Uuh	(293)	–	~ 0.05 s
118	^{294}Uuo	(294)	–	~ 2.0 ms

Dúil	Siombail Symbol	Z	Element	Dúil	Siombail Symbol	Z	Element
achtainiam	Ac	89	actinium	ciúiriam	Cm	96	curium
airgead	Ag	47	silver	cóbalt	Co	27	cobalt
alúmanam	Al	13	aluminium	cróimiam	Cr	24	chromium
aimeiriciam	Am	95	americium	caeisiam	Cs	55	caesium
argón	Ar	18	argon	copar	Cu	29	copper
arsanaic	As	33	arsenic	deoitéiriam	D	1	deuterium
astaitín	At	85	astatine	dúibniam	Db	105	dubnium
ór	Au	79	gold	darmstaidiam	Ds	110	darmstadtium
bórón	B	5	boron	diospróisiam	Dy	66	dysprosium
bairiam	Ba	56	barium	eirbiam	Er	68	erbium
beirilliam	Be	4	beryllium	éinstéiniam	Es	99	einsteinium
bóiriam	Bh	107	bohrium	eoraipiam	Eu	63	europium
biosmat	Bi	83	bismuth	fluairín	F	9	fluorine
beircéiliam	Bk	97	berkelium	iarann	Fe	26	iron
bróimín	Br	35	bromine	feirmiam	Fm	100	fermium
carbón	C	6	carbon	frainciam	Fr	87	francium
cailciam	Ca	20	calcium	gailliam	Ga	31	gallium
caidmiam	Cd	48	cadmium	gadailiniam	Gd	64	gadolinium
ceiriam	Ce	58	cerium	gearmáiniam	Ge	32	germanium
calafoirniam	Cf	98	californium	hidrigin	H	1	hydrogen
clóirín	Cl	17	chlorine	héiliam	He	2	helium

Dúil	Siombail Symbol	Z	Element	Dúil	Siombail Symbol	Z	Element
haifniam	Hf	72	hafnium	nicil	Ni	28	nickel
mearcair	Hg	80	mercury	nóbailiam	No	102	nobelium
hoilmiam	Ho	67	holmium	neiptiúiniam	Np	93	neptunium
haisiam	Hs	108	hassium	ocsaigin	O	8	oxygen
iaidín	I	53	iodine	oismiam	Os	76	osmium
indiam	In	49	indium	fosfair	P	15	phosphorus
iridiam	Ir	77	iridium	prótachtainiam	Pa	91	protactinium
potaisiam	K	19	potassium	luaidhe	Pb	82	lead
crioptón	Kr	36	krypton	pallaidiam	Pd	46	palladium
lantanam	La	57	lanthanum	próiméitiam	Pm	61	promethium
litiam	Li	3	lithium	polóiniam	Po	84	polonium
láirinciam	Lr	103	lawrencium	praiséidimiam	Pr	59	praseodymium
lúitéitiam	Lu	71	lutetium	platanam	Pt	78	platinum
meindiléiviam	Md	101	mendelevium	plútóiniam	Pu	94	plutonium
maignéisiam	Mg	12	magnesium	raidiam	Ra	88	radium
mangainéis	Mn	25	manganese	rubaidiam	Rb	37	rubidium
molaibdéineam	Mo	42	molybdenum	réiniam	Re	75	rhenium
meitniriam	Mt	109	meitnerium	rutarfoirdiam	Rf	104	rutherfordium
nítrigin	N	7	nitrogen	rointginiam	Rg	111	roentgenium
sóidiam	Na	11	sodium	róidiam	Rh	45	rhodium
niaibiam	Nb	41	niobium	radón	Rn	86	radon
neoidimiam	Nd	60	neodymium	ruitéiniam	Ru	44	ruthenium
neon	Ne	10	neon	sulfar	S	16	sulfur

Dúil	Siombail Symbol	Z	Element
antamón	Sb	51	antimony
scaindiam	Sc	21	scandium
seiléiniam	Se	34	selenium
seaboirgiam	Sg	106	seaborgium
sileacan	Si	14	silicon
samairiam	Sm	62	samarium
stán	Sn	50	tin
strointiam	Sr	38	strontium
tritiam	T	1	tritium
tantalam	Ta	73	tantalum
teirbiam	Tb	65	terbium
teicnéitiam	Tc	43	technetium
teallúiriam	Te	52	tellurium
tóiriam	Th	90	thorium
tíotáiniam	Ti	22	titanium
tailliam	Tl	81	thallium
túiliam	Tm	69	thulium
úráiniam	U	92	uranium
únúinbiam	Uub	112	ununbium
únúinheicsiam	Uuh	116	ununhexium
únúnoichtiam	Uuo	118	ununoctium
únúinpeintiam	Uup	115	ununpentium
únúncuaidiam	Uuq	114	ununquadium

Dúil	Siombail Symbol	Z	Element
únúinseiptiam	Uus	117	ununseptium
únúintriam	Uut	113	ununtrium
vanaidiam	V	23	vanadium
tungstan	W	74	tungsten
xeanón	Xe	54	xenon
itriam	Y	39	yttrium
itéirbiam	Yb	70	ytterbium
sinc	Zn	30	zinc
siorcóiniam	Zr	40	zirconium